わかる！使える！

放電加工入門

ソディック放電加工教本
編纂チーム［編］

日刊工業新聞社

【 はじめに 】

放電加工とは、水や油などの加工液中で、対峙した電極（切削加工での工具に相当）と加工物との間隙（放電ギャップ）に放電現象を発生させ、それに伴う力学的作用（放電衝撃圧力）と熱的作用（蒸発・溶融）により、除去加工を行う加工方法です。

放電加工の特徴として、①電気が流れさえすれば、加工物の硬さに依存せず加工が可能、②切削加工ではあり得ない、柔らかいもの（銅）で硬いもの（鉄）が加工できる、③電極と加工物が接触しない状態で加工が行われるため、高精度な加工が得意、④シャープエッジや高アスペクト比（切削加工であれば「加工深さ／工具径」に相当）の形状加工が得意、⑤電気信号を利用し、機上で電極と加工物による直接の位置決めが可能、などが挙げられます。これらのユニークな機能や性能は、微細精密領域での高精度・高品位加工や、切削加工では困難な複雑形状での簡単加工などでその優位性を発揮しています。

工作機械全体に占める放電加工機のボリュームは決して多くありませんが、特に焼き入れ鋼との相性の良さを生かし、金型づくりの重要工程において、必要不可欠なマザーマシンとしての役割を確立してきました。

最新の放電加工機は、電子・電気デバイスの進化・発展やIT関連の急速な環境の拡がりにも支えられ、初歩的な操作指導および加工研修を体験いただくことで、誰もが簡単にその加工性能を実現することが可能です。しかし、日常のモノづくりの現場で、いつでも安定した放電加工の優れた性能の成果を得るには、放電加工の基礎や特徴、加工条件と加工結果との関連性に加え、機械操作や加工前の検討事項、段取りから加工、評価や加工後のメンテナンスに至るまでの様々な見識や経験が求められます。

放電加工に求められる成果は、高度かつ高難易度な加工レベルであるがゆえに、加工前の段取りや確認作業の些細な変化が想定外の結果をもたらします。したがって、1ステージ上の強みを習得するには基礎知識に加え、最適な段取りやイレギュラー時の臨機応変な現場対応力が重要です。

切削加工と比べて、放電加工は工業化利用の誕生からの歴史が浅く、残念ながらレベルアップに有益な学術書や実践的活用を解説する教本が少ない状況です。今回、日刊工業新聞社からの依頼を受け、恐らく業界初の試みとなる、段取りにフォーカスした入門書執筆のための、放電加工教本編纂チームを編成しました。

　本書は、入社3年程度までの初心者や初級技術者を主な読者対象と想定していますが、総合的な現場力・競争力をアップしたいという方々にもご利用いただけます。例えば、加工方法や加工工程の入れ替えなどがもたらす、困り事の解決手法のヒント、あるいは新素材での加工アプローチへの気づき、何気ない日常的現場作業の振り返りなどへの一助となれば幸いです。

　このようなコンセプトに基づき本書は、第1章では「放電加工の基礎知識」、第2・3章では「形彫り放電・ワイヤ放電の段取り・加工・メンテナンス」について、簡単な説明でご理解いただけるよう、見開き完結のスタイルで構成しました。紙面の都合上、情報量が物足りない部分や、厳密な数値と相違がある諸データ、実際にご使用されている放電加工機と完全には一致しない操作画面など、ご期待に添いかねる内容があるかもしれませんが、段取りに注力した意図にご寛容いただければ幸いです。

　最後になりましたが、本書の執筆に当たり多くの助言やご支援をいただき、また企画構想から出版に至るまで忍耐強くご対応いただきました、日刊工業新聞社出版局書籍編集部の矢島俊克氏に感謝申し上げます。

　2019年8月

編者一同

わかる！使える！放電加工入門

目　次

【第1章】
放電加工の基礎知識

1　形彫り放電加工の基礎と特徴

- 形彫り放電加工の適用分野と特徴・**8**
- 形彫り放電加工機の基本構成・**10**
- 電極材料の種類と使い分け・**12**
- 加工物材料の種類と特徴・**14**
- 加工液の役割と液処理のメリット・**16**
- プロセスに関わる形彫り放電回路と加工条件・**18**

2　形彫り放電加工特有の加工性能

- 形彫り放電特有の加工特性・**20**
- 放電ギャップと仕上げ加工・**22**
- 極性と無消耗加工の発動条件・**24**
- 液処理の分類と特徴・**26**
- 電極ジャンプの役割と効果・**28**
- 揺動（ローラン）加工のメリットと選び方・**30**
- 形彫り放電の加工変質層と鏡面加工・**32**
- 形彫り放電加工の工程概要・**34**
- 細穴放電加工の工程概要・**36**

3　ワイヤ放電加工の基礎と特徴

- ワイヤ放電加工の適応分野と特徴・**38**
- ワイヤ放電加工機の基本構成・**40**
- ワイヤ電極の種類と選び方・**42**
- 加工液（水と油）の特徴と使い分け・**44**
- プロセスに関わるワイヤ放電回路と加工条件・**46**

3

4　ワイヤ放電特有の加工性能

- ワイヤ放電特有の加工特性・**48**
- オフセット、パンチ/ダイ、アプローチ/切り落とし・**50**
- 荒加工／仕上げ加工の役割と特徴・**52**
- 真直精度（＝タイコ量）と高板厚加工・**54**
- テーパ加工とコアレス加工の特徴・**56**
- ワイヤ放電の加工変質と特徴・**58**
- 水加工液における錆の発生原理と抑制技術・**60**
- ワイヤ放電加工の工程概要・**62**

5　放電加工における段取りの基礎

- 段取りの流れと具体例・**64**
- 段取りの重要性・**66**
- 内段取りと外段取り・**68**
- 段取りと3S/5S・**70**
- 保全の分類と重要性・**72**

【第2章】
形彫り放電の段取り・加工・メンテナンス

1　形彫り放電における加工・段取り検討

- 形彫り放電加工の準備から段取りまで・**76**
- 形状パターン別加工方法検討・**78**
- 電極の材料選択と設計検討・**80**
- 電極製作の方法と仕上がり確認・**82**
- 揺動（ローラン）の役割とパターン別の特徴・**84**
- 液処理方法の形態と特徴・**86**
- 特殊加工法－創成放電加工法・**88**

2　形彫り放電における段取りのポイント

- 加工段取り①　加工物セッティング・**90**
- 加工段取り②　電極セッティング・**92**
- 簡単位置決め①　端面位置決めと外径心出し・**94**
- 簡単位置決め②　内径心出しと位置決めの注意点・**96**

3 形彫り放電における加工・付帯装置・メンテナンス

- 加工プログラム作成① 形状選択と加工計画の設定・**98**
- 加工プログラム作成② 詳細設定から加工プログラム作成まで・**100**
- 加工前動作確認から加工まで・**102**
- 形彫り放電加工の関連付帯装置・メンテナンス・**104**

【第3章】
ワイヤ放電の段取り・加工・メンテナンス

1 ワイヤ放電加工の条件設定とスケジュール

- ワイヤ放電独特の加工条件検討・**108**
- 対話形式による加工条件検索機能・**110**
- ワイヤ電極の装着と消費目安・**112**

2 ワイヤ放電加工の必須習得テクニック

- 加工精度安定のひずみ対策あれこれ・**114**
- 切り残し部の仕上げ加工① ワイヤ電極を使う・**116**
- 切り残し部の仕上げ加工② 銅板を使う・**118**
- テーパ加工習得のポイント・**120**
- 加工テクニック① 薄い加工物での条件調整・**122**
- 加工テクニック② ダイ形状での条件調整・**124**
- 加工テクニック③ くし歯形状での条件調整・**126**

3 ワイヤ放電加工における段取りのポイント

- 加工スケジュール・**128**
- 作業前準備から加工までの流れ・**130**
- 加工前までの慣らし運転と位置決めのポイント・**132**
- ワイヤ電極の結線と垂直出し・**134**
- ワイヤ電極の自動結線機能・**136**
- 加工物のセッティング・**138**
- 加工状態とＺ軸高さ調整・**140**
- 噴流による液処理の役割と調整方法・**142**
- 簡単位置決め作業・**144**

5

4 ワイヤ放電における加工・メンテナンス

- ・加工プログラム作成―確認から加工まで・**146**
- ・メンテナンス①　概要と"見える化"の活用・**148**
- ・メンテナンス②　機械とワイヤ電極の点検・**150**
- ・メンテナンス③　加工液のフィルタリング・**152**

○コラム

- ・人類と道具・**74**
- ・雷と放電加工・**106**
- ・4M変更と作業の意味づけ・**154**

- ・参考文献・**155**
- ・索　引・**156**

【 第 **1** 章 】

放電加工の基礎知識

1 形彫り放電加工の基礎と特徴

形彫り放電加工の適用分野と特徴

❶形彫り放電加工の適応領域

　私たちの生活を豊かにする多様な商品において、それらを構成する様々な部品の安定供給と品質向上に、金型というツールは重要な役割を果たしています。形彫り放電加工は、加工物の硬度に関係なく高精度・高品質な加工ができることから、その金型づくりに必要不可欠なマザーマシンとしての地位を確立し、精密・量産部品加工などにも活用されています（図1-1、1-2）。

❷放電加工の原理

　放電加工は放電現象を人工的に発生させ、加工物の局所に電気エネルギを集中させて溶融除去する加工方法です。電極と呼ばれる工具と加工物を1～数十μmの間隔で対向させ、パルス状に電圧を印加して放電発生させて非接触で加工を行います（図1-3）。1回当たりの放電除去量はサブミクロンから数百ミクロンのごくわずかな量ですが、毎秒数千から百万回を超える放電を繰り返し発生させることで、実用的な加工としています。加工表面の面粗さは、電気的条件を変更することによりサブミクロンまで任意に設定することができます。導電性のものであれば、材質や硬度に関係なく加工ができます。

図 1-1 ｜ 形彫り放電加工機の用途分類

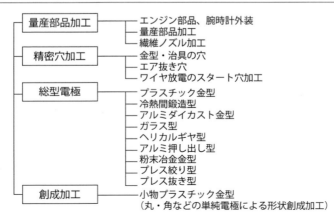

第1章 放電加工の基礎知識

図 1-2　形彫り放電加工の適用例

狭ピッチ精密コネクタ

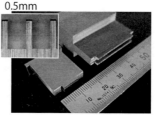
狭ピッチコネクタ金型と電極

放電によるギヤ金型加工

ピッチ送りマルチ電極

図 1-3　放電加工のメカニズム

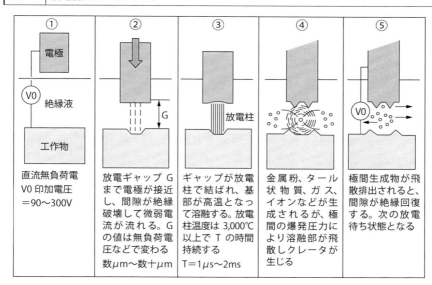

①	②	③	④	⑤
直流無負荷電圧 V0 印加電圧 ＝90〜300V	放電ギャップ G まで電極が接近し、間隙が絶縁破壊して微弱電流が流れる。G の値は無負荷電圧などで変わる 数μm〜数十μm	ギャップが放電柱で結ばれ、基部が高温となって溶融する。放電柱温度は 3,000℃以上で T の時間持続する T=1μs〜2ms	金属粉、タール状物質、ガス、イオンなどが生成されるが、極間の爆発圧力により溶融部が飛散しクレータが生じる	極間生成物が飛散排出されると、間隙が絶縁回復する。次の放電待ち状態となる

要点 ノート

放電加工は、電気さえ流れれば加工物の材質や硬度に関係なく、精密な加工が可能です。形彫り放電工機は様々な分野で利用されていますが、主に底付き形状を持つ金型部品加工に多用されています。

【1】 形彫り放電加工の基礎と特徴

形彫り放電加工機の基本構成

❶形彫り放電加工機の構造

形彫り放電加工機の機械本体はベッドとコラムがベースとなり、電極および加工物を移動させるXYZ軸から構成されています（**図1-4、1-5**）。高精度加工への要求から機械剛性と精度維持を目的に、多くの機械で鋳物が採用されています。放電加工は高い電圧をかけて加工を行うため、電極および工作物近傍では高い絶縁性が必要です。

形彫り放電加工機のZ軸は、加工中の放電ギャップを適応制御によって調整する加工サーボ動作や、加工チップの排出を促すジャンプ運動など微細な動作の応答性と、高速動作の安定性の両方を兼ね備える必要があります。また繰り返し動作が多いため、ボールねじの摩耗などの耐久性を考慮することが必要です。近年では、リニアモータを採用することで高速性と高精度を両立させ、非接触駆動により経年変化を抑えた構造となっています。

また、Z軸に回転装置を搭載して電極を回転させながらの加工や、電極割り出し加工を行う場合もあります。また、Z軸と回転軸を同期して動かすことにより、ねじ切り加工など複雑な加工を行うことも可能です。

高精度の機械であるため高い剛性が必要となり、加工物を取り付けるベースプレートや電極を保持する電極ホルダの絶縁にはセラミックスが用いられます。軽量で高剛性、かつ熱変位が少なく絶縁性が高いセラミックスは、放電加工機にとっては最適な材料です。

❷形彫り放電加工機で使用する加工液

形彫り放電加工機では、加工液として灯油系の放電加工油（危険物第4類第3石油類）を使用します。サービスタンクに貯蔵された加工油は、加工時に送液ポンプで加工タンクへ送られます。加工中に発生した加工チップは、フィルタを通過することで除去されます。加工や送液による発熱で加工液温が上昇しないように、クーリングユニットで加工液温を調整して一定温度に保ちます。また、極間で発生する加工チップを効率的に排出するために、加工液を噴射ノズルや電極からの噴流などの液処理を行うための噴流ポンプが装備されています。

加工液が可燃性であることから、火災発生を防ぐために取り扱いには十分注

| 第1章 | 放電加工の基礎知識 |

| 図 1-4 | 形彫り放電加工機の外観例 |

| 図 1-5 | 形彫り放電加工機の各部の名称 |

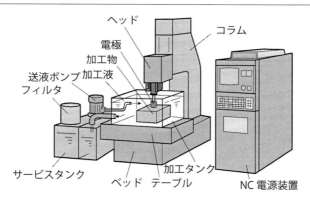

意しなければなりません。加工タンクにはフロートセンサが取り付けられており、加工液面は加工面より 50 mm 以上となるように設定します。なお、形彫り放電加工機には自動消火装置が装備されています。

　形彫り放電加工機の各軸は NC 電源装置により制御され、NC 電源装置に搭載された自動加工プログラム作成支援アプリや編集画面で加工プログラムを作成し、位置決め・段取りをして加工を行います。NC 電源装置に内蔵された放電制御電源は、指定された加工条件をもとに、加工エネルギが常に最適になるよう nsec 単位の放電パルスの制御を行っています。

要点 ノート

形彫り放電加工では、電極と加工物の近傍に絶縁性が必要です。また、石油系加工油に加工物を浸漬させた状態で加工を行うのが特徴で、NC 電源装置が機械制御や加工プログラムの実行を司ります。

【1】形彫り放電加工の基礎と特徴

電極材料の種類と使い分け

　放電加工用電極材料としてよく用いられるものに、銅やグラファイトがあります。その他にも各種材料があり、目的によって使い分けます（**表1-1**）。

❶銅

　純銅は日本国内では最も多く使われている電極材料です。電気抵抗が少なく熱伝導率が高いことから、鋼材加工物での低電極消耗性に優れています。7 μmRzの面粗さまで消耗率1％以下の加工が可能で、面粗さ性能においても0.3 μmRzの面粗さの鏡面加工が可能なため、精密加工に適しています。タフピッチ銅、無酸素銅、リン脱酸銅の種類がありますが、放電加工の性能に大きな差異は見られません。

　弱点としては剛性が比較的低い、電極製作での機械加工性に劣るため反りやバリが発生しやすい、熱膨張係数が大きいことから荒加工で熱の影響を受け寸法変化が起きやすいなどが挙げられます。寸法変化の対策としては、荒加工電極の減寸量をあらかじめ多くとっておきます。

❷グラファイト

　グラファイトは耐熱性が高く、放電加工用電極として使用した際には無消耗加工が可能です。同じ電流ピーク値では、銅電極より短いパルス幅でも無消耗となるため、加工速度で銅電極より有利です。また、熱膨張係数が小さく、熱変位に強くて比重も小さいため、大物電極を用いた高速加工や荒加工でよく用いられます。

　グラファイト電極は製法や素材の粒径などによって特性が異なり、電極消耗率などの放電加工性や機械切削性なども異なります。このため種類が多く、汎用・精密用・超精密用などとグレードが分かれており、目的に応じた使い分けが必要です。

❸タングステン化合物

　銅タングステンは、銅の熱伝導率の良さとタングステンの高融点の利点を生かした混合材料電極で、加工物が鋼材の場合に無消耗加工が可能です。また低消耗加工ができない超硬合金の加工で、消耗率10～25％前後の加工ができることから、超硬合金の加工で多く使われています。銅より機械切削性が良いこ

表 1-1 電極材料一覧

種類	組成	比重	熱伝導率 (w/mk)	溶融温度 (℃)	コスト (銅を1とした場合)	適用例
銅	Cu	8.96	394	1,083	1	一般加工
グラファイト	Gr	1.7～1.8	70	3,700 (昇華点)	0.2～1.1	リブ高速加工 大物金型
グラファイト (POCO)	Gr	1.8～1.9			2.2～3.8	精密加工
銀	Ag	10.5	425	960		
銀タングステン	AgW	15.2	52		60～75	精密加工
銅タングステン	CuW	13.8	45		30～38	精密加工
タングステン	W	19.3	174	3,410		精密加工

図 1-6 電極材料と加工性能

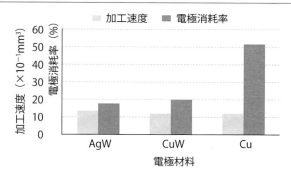

とで、薄物や微細加工の電極にも使われています。

銀タングステンは、銀とタングステンの粉末焼結合金で、銅タングステンと類似した性能特性を示します。機械加工性および放電加工性で銅タングステンを上回りますが、コストが高いのが難点です。微細加工などでよく使われます。

タングステンは低消耗性や加工速度などで不利な点が多く、通常使われることは少ないですが、耐熱性が高い性質からより微細な寸法成形が可能であるため、電極成形を行う微細加工でしばしば使われます（図1-6）。

要点 ノート

電極に用いられる材料は、銅、グラファイト、銅タングステン・銀タングステンが代表的です。このうち電気抵抗が少ない、熱伝導性が良い、低消耗に優れるという理由で主に銅が使用されます。

【1 形彫り放電加工の基礎と特徴

加工物材料の種類と特徴

❶形彫り放電加工で使われる材料

　加工物材料として鋼やアルミ合金、超硬合金、立方晶窒化ホウ素（CBN）、多結晶ダイヤモンド（PCD）など、導電性のあるものは硬度に関係なく加工できるのが放電加工の特徴です。近年では、ある程度電気抵抗の大きな半導体（単結晶シリコン）も行えるようになったほか、また絶縁物であるセラミックスについても、補助電極法と呼ばれる加工方法により加工できるようになってきており、放電加工の適用範囲が広がっています。

　放電加工の加工速度や面粗さなどの加工性能は、加工物の物性によって異なります。物性値の中で特に影響が大きい要素は融点で、その値を比較することでおおよその傾向が推定できます。融点が高いほど加工速度が得られにくく、電極消耗も多くなり、加工が難しいと言えます。

❷加工物材種ごとの特徴

　最も多く用いられるのが鋼材です。銅電極により無消耗加工が可能です。鉄への炭素含有量や添加物により様々な性質の差があります。炭素含有量や圧延方向などによりスジやピンホールなど加工面質に差が出たり、アークが発生しやすかったりする場合があります。

　超硬合金は炭化タングステン（WC）と、バインダであるコバルト（Co）を混合焼結した材料で、非常に硬度が高く、高温時の強度低下が少ない材料です（**表1-2**）。WCの粒径や添加物の種類によって様々な種類があり、性質や加工特性も異なります。パルス幅を短くし、有消耗条件で加工するのが一般的です。

　アルミニウム合金は比重が軽く、高い強度を持ちます（**表1-3**）。添加物の種類により加工特性は異なりますが、一般的に放電加工性は良好で、大きな加工速度で加工でき、電極消耗も少なくなります。酸化しやすく、ガスが発生する場合があるため注意が必要です。

　チタン合金は強度と靭性をあわせ持ち、軽くて耐腐食性に優れた材料です（**表1-4**）。添加物によって大きく特性が異なりますが、一般的に熱伝導性が悪いため、放電加工性は良くありません。加工速度を得たい場合には有消耗条件で加工します。

14

表 1-2　高硬度材料の物性値比較

物性	焼結晶速度鋼	超硬合金	サーメット	セラミックス（Al2O3系）	ダイヤモンド焼結体	cBN焼結体
硬さ（ヌープまたはビッカース）	750～940	1,200～1,800	1,300～1,800	1,800～2,100	6,000～8,000	2,800～4,000
抗折力（GPa）	2.5～4.2	1.0～4.0	1.0～3.2	0.4～0.9	1.3～2.2	0.8
圧縮強さ（GPa）	2.2～3.6	3.0～6.0	4.0～5.0	3.0～5.0	6.9	8.8
破壊靭性（MPa・m$^{1/2}$）	12～19	8～20	8～10	3～4	—	5～9
弾性率（GPa）	210～220	460～670	420～430	300～400	560	—
ポアソン比	0.3～0.4	0.21～0.25	—	0.2	—	0.14
熱膨張係数（K^{-1}）	9～12×10^{-6}	5～6×10^{-6}	4～5×10^{-6}	7.8×10^{-6}	5.9×10^{-6}	4.7×10^{-6}
熱伝導率（Wm・K）	17～31	20～80	8～12	17～21	100	200
最高使用温度（K）	～800	～1,300	～1,400	～2,000	900～1,600	1,600～1,800

表 1-3　アルミ合金とスチール（炭素鋼）の物性値比較

物性 ＼ 材料	高力アルミ合金 A7075T	炭素鋼 S55C
引張強さ（MPa）	500	962
伸び（%）	8	19
硬度（HB）	135	183
熱膨張係数（1/K）	23.6	10.7
縦弾性係数（GPa）	72	205
熱伝導率（W/m・k）	130	44
融点（K）	749～901	1,770
比重	2.8	7.84

表 1-4　チタン物性値

物性 ＼ 材料	密度（kg/m^3）	融点（K）	縦弾性係数（GPa）	熱伝導率（W/m・k）	熱膨張係数（1/K）	比熱（kJ/kg・k）
6AL4Vチタン	4.43	1,993	109	8	8.4	0.51

　銅合金は熱伝導性に優れるため、ハイサイクル金型材としてよく用いられます。導電性・熱伝導率は高く、放電加工性に優れています。

要点　ノート

導電性があれば、硬度に関係なく加工できるのが放電加工の特徴です。近年では、半導体や絶縁物であるセラミックスにも適用範囲が広がっていますが、加工性能は各材料によって異なります。

【1】 形彫り放電加工の基礎と特徴

加工液の役割と液処理のメリット

❶加工液と放電加工性

　放電加工では、放電媒体として絶縁性の高い油や純水（イオン交換水）が使用されています。加工液は放電ギャップの絶縁、放電ギャップ・電極・加工物・加工チップの冷却、加工チップの排出、消イオン化などの役割を持っています（**表1-5**）。

　形彫り放電加工では、主に危険物第4類第3石油類に属する加工液を使用します。鉱油系・合成油系などの製法のほか、添加剤の種類や配合によって加工液の多くの種類が販売されています（**表1-6、図1-7**）。加工液は放電加工性に大きく影響し、加工速度や電極消耗また面粗さ性能などを左右するため、最適な選択が必要です。

　放電加工油は長期間使用していると、加工の熱や酸素、金属触媒や水分、揮発性の高い成分の蒸発など様々な要因によって劣化します。加工液が劣化すると、加工時間が長くなる、放電ギャップが広がる、タールなどの加工液の炭化物が加工表面に付着しやすくなるなどの影響が発生します。また、加工が不安定になったり、異常アーク放電が発生したりするようになるため、加工液の状態を定期的に管理することが必要です。

❷液処理の目的と方法

　加工によって発生した加工チップや、加工液の熱分解生成物などが放電ギャップに滞留・蓄積した状態になると、機械停止や異常放電が発生するなどで加工ができなくなります。したがって、これらの生成物を速やかに放電ギャップより排出し、その絶縁を回復して安定した放電を持続させる必要があります。このため、噴流や吸引などの液処理が行われます。

　液処理を行うことにより、アークなどの加工不良を防止し、加工を安定させて加工時間を短縮することができます。また、寸法精度や面精度が向上します。例えば、超硬合金の高能率加工では液処理は必須となります。

　電極や加工物に噴流または吸引穴があけられない無噴流加工の場合でも、加工中に定期的に電極を上下させることにより、加工液の流れを発生させて極間の生成物を速やかに排出する方法を電極ジャンプ加工と呼びます。電極ジャン

表 1-5 放電加工油の必要条件

①粘度が低く、加工チップを排出しやすいこと
②引火点、沸点が高いこと
③絶縁性が高いこと
④臭気が低いこと
⑤有害な分解ガスを出さないこと
⑥冷却性能に優れていること
⑦無消耗性など加工特性が優れていること
⑧環境に優しく安全性が高いこと
⑨入手しやすく安価なこと

表 1-6 市販放電加工油製品の性質

	A	B	C	D
動粘度（40℃）(mm^2/s)	1.7	2.2	2.2	2.1
セイボルト色	＋30	＋30	＋30	＋29
引火点PM（℃）	82	97	82	101
アニリン点（℃）	70	68	89	60
流蜀点（℃）	−35	<−45	<−45	−37.5
酸価（mgKOH/g）	0.00	0.00	0.00	0.01
芳香族分（%）	7	21	1	23
蒸留　初留（℃）	199	238	200	235
蒸留　終点（℃）	249	268	263	254
酸化防止剤有無	あり	あり	なし	あり

図 1-7 市販放電加工油製品の組成

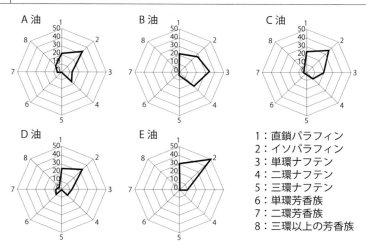

1：直鎖パラフィン
2：イソパラフィン
3：単環ナフテン
4：二環ナフテン
5：三環ナフテン
6：単環芳香族
7：二環芳香族
8：三環以上の芳香族

プ加工では、電極の上昇時に加工窪み部に周囲から加工液を吸引し、電極が下降する際に加工液が放電ギャップから排出されるポンピング作用によって、生成物を排出します。常に規則的な電極の上下動作によって生成物の排出が行われるため、加工の安定性が維持されます。

要点ノート

絶縁性の高い油や電気が流れにくい純水に、加工物を浸漬した状態で放電加工が行われ、冷却、加工チップの排出などの役割を担います。また、極間の加工チップを迅速に排出するため、噴流・吸引などの液処理を行います。

【1】形彫り放電加工の基礎と特徴

プロセスに関わる
形彫り放電回路と加工条件

❶放電回路の種類

　放電加工の電気回路には、一般的にトランジスタ回路が用いられます。

　トランジスタ回路では、極間に電圧が印加されるとすぐには放電が発生せず、放電遅れ時間を経て絶縁破壊が生じ、放電を開始します。この放電遅れ時間は極間の状態によって変化します。

　放電が発生すると、あらかじめピーク電流値として設定された電流値が流れます。放電が発生した瞬間から放電持続時間（オン時間）だけ放電電流を流し、回路をオフにしてその後休止時間（オフ時間）の間、極間の絶縁回復を図ります。通常、極間に印加する無負荷電圧は60〜120Vですが、放電を飛びやすくして放電遅れ時間を短縮するために、90〜300Vの重畳電圧を印加する場合もあります。

　放電のエネルギは、上述の放電パルスのオン時間とピーク電流値によって決まります。また、放電ON時間とOFF時間の比をデューティファクタと呼びます。ON時間が一定になるように制御することで、パルス放電の1発当たりのエネルギを均一化し、安定した放電と放電痕を得ることができます。

　RC回路はコンデンサの充放電と抵抗を利用して、パルス幅が極めて短い放電波形を得ることができます。パルス幅が揃わない、消耗が多いという弱点はあるものの、仕上げなどの微細加工領域には欠かせない回路です。これら放電パルスを決めるのが電気的加工条件です。

❷加工を司る電気的条件とモーション条件

　電極と加工物間は常に最適な間隙（放電ギャップ）を保ちながら、電極を送り込んで加工を進行させる必要があります。加工送り量に対して放電加工量が多いと、極間距離が増大して放電が飛びにくく放電待機時間が長くなり、加工送り量に対して放電加工量が少ないと、極間距離が縮まって放電が飛びやすく放電待機時間が短くなります。この放電待機時間の差は一定時間ごとの平均加工電圧を観察することで判断でき、NC電源装置はあらかじめ設定した平均加工電圧（SV）と実際の平均加工電圧の差を見ながら、あらかじめ設定した電極の送り速度を速くしたり遅くしたり、時には電極を後退させることで放電

図1-8 平均加工電圧と放電ギャップ

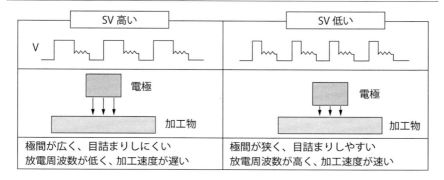

図1-9 加工条件の種類

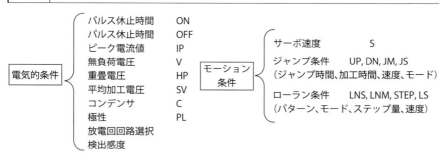

ギャップが常に最適になるように制御します（図1-8）。これを放電サーボと呼びます。

放電加工を行うと、電極と加工物間には放電チップが発生します。この放電チップは2次放電などの原因となって、所望の加工精度や加工速度を得る妨げとなります。このため液処理を行ったり、加工中に電極を定期的に運動させて放電チップの排出を促したりします。また、荒加工から仕上げ加工まで加工クリアランスを変えながら加工する揺動（ローラン）加工の動作を行います。

これら電極の動作を決めるのがモーション加工条件です（図1-9）。

要点 ノート

放電回路には一般的にトランジスタ回路、RC回路があり、設定した電流・電圧により放電エネルギを定めます。放電ギャップが常に最適になるよう、電極と加工物の相対的位置関係を制御します。

【2 形彫り放電加工特有の加工性能

形彫り放電特有の加工特性

　形彫り放電加工機の加工精度に及ぼす影響因子は、**図1-10**に示すように多岐にわたっています。これらの要因の中には、機械やNC電源装置などそれらの性能や仕様によって加工精度範囲が決まるものと、電極や加工物の準備および加工方法や環境など、使用者側の責任において加工精度範囲が決まるものとがあります。

❶加工特性

　加工速度は単位時間当たりの放電加工量で、一般に加工物の除去重量（g/min）で表します。加工エネルギが大きいほど加工除去量は大きくなりますが、電極の消耗や放電ギャップが増大するため、電極本数や精度・面粗さなど加工設計に合わせた条件選択が必要です。

　面粗さは加工面の凹凸形状の度合いです。共通の規格としてRaやRzなど種々の定義がありますが、値が小さい方が面が細かくなります。同じような面粗さでも、その面の性状によって光沢のあるもの（鏡面）とないものがあります。

　電極消耗率は、電極が消耗した量を加工物の除去量で割った値です。一般には重量比で表しますが、細穴電極やリブ電極では電極長さの比で表す場合もあります。電極消耗率が小さいほど加工速度が速く、電極消耗が少ないと言えます。

　加工仕上げ代は、放電ギャップや加工クリアランス、オーバカットとも呼ばれ、電極と加工物の間隙を示します。放電ギャップが小さいほど電極の転写性が良いと言え、電極コーナの転写性は放電ギャップと電極消耗によって決定されます。放電ギャップを小さくしすぎると加工チップの排出が困難となるため、2次放電などによりかえってそれが広がり、所望の形状が得られなくなる場合があります。

　加工速度へ影響を与える要素として、面積効果があります。加工面積と面粗さによって放電の集中分散が異なるため、最適な条件設定が必要です（**図1-11**）。

❷加工精度

　加工精度は、基準位置と加工位置の差や、多数個加工の各加工穴間などの距

第1章 放電加工の基礎知識

図 1-10 | 加工特性と加工精度

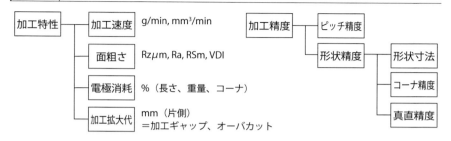

図 1-11 | 面積効果

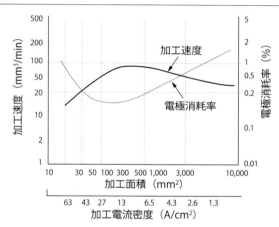

離の差を示すピッチ精度、形状寸法やコーナ精度、加工穴の真直方向の中ふくれや倒れを示す形状精度などがあります。電極材料や加工物の選定は面粗さなどに影響を及ぼすため、特徴を十分理解した上で進めることが必要です。

加工物の選定が加工精度に与える影響のひとつとして、熱処理が挙げられます。焼き入れした材料では内部応力が残留している場合があり、加工でその応力が解放されひずみとなって現れることがあるため、事前に内部応力の除去を行います。また面精度に関して、鏡面加工を行う場合には材質の影響が顕著に現れるため、鏡面性に優れた材料を選択することが必要です。

> **要点 ノート**
> 放電加工の性能に影響を与える因子は多岐にわたります。加工速度・加工精度・面粗さ・電極消耗・放電ギャップなどが相互に関連しており、総合的性能の最適化が重要です。

❰2❱ 形彫り放電加工特有の加工性能

放電ギャップと仕上げ加工

❶面粗さと加工エネルギ、加工時間の関係

　形彫り放電加工では、電極と加工物間に放電が発生し、加工物が除去されて加工が進行します。放電が発生するには、電極−加工物間に供給されるエネルギの大きさや、材質組み合わせ、加工液や加工チップの排出状態などによって異なる極間距離が必要です。これを放電ギャップと呼びます。

　電極の形状が加工物に転写される加工です。放電加工が進行すると加工物は除去され、電極は消耗して放電ギャップが大きくなり、放電が飛ばなくなります。そこで、それらの分だけ電極を加工物方向に押し込みます。NC電源装置のサーボ動作により放電ギャップを最適に保ちながら、電極の送り込みを連続的に行うことで目標深さまで加工を行います。

　加工物を指定の面粗さまで仕上げるには、通常は複数の条件を使用して加工を行います。面粗さは加工に投入されるエネルギによって変わりますが、最初から低エネルギで加工すると時間がかかります。そこで、あらかじめ底面に仕上げ残し代を設定し、最初は大きな加工エネルギで加工しながら放電ギャップを調整しつつ、次第に面の細かい条件に変えていくことで早く所望の面粗さを得ることができます（**図1-12**）。このとき、加工速度は面粗さによって大きく変化します。例えば、面粗さを1/2にすると加工速度は1/4になるため、仕上げではなるべく小刻みに加工条件を弱くします。

❷底面と側面を効率良く仕上げる方法

　以上のようにすると、電極底面は仕上がりますが、側面は荒加工の面粗さのままです。これは、面の細かい条件では加工エネルギが低いため、放電ギャップが小さく放電が飛ばないことが理由です。そこで、荒加工の電極より大きい電極を複数使用し、側面まで仕上げる方法があります。各電極は使用する加工条件の放電ギャップと面粗さや消耗を考慮して、目的の加工寸法よりも小さく製作します。この縮小量を電極減寸量と言います。電極が消耗していないため転写精度が良く、コーナなども正確に仕上がる反面、寸法の異なる電極を多数用意する手間がかかります。

　そこで、1本の電極で電極をZ軸方向だけでなく、XY方向に寄せて加工す

第1章 放電加工の基礎知識

図 1-12 底面加工の場合

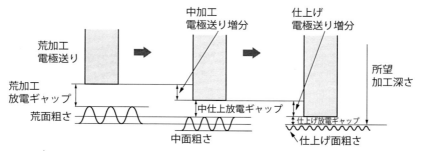

図 1-13 側面加工の場合と揺動（ローラン）の仕組み

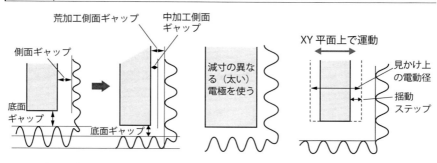

荒加工ギャップ＞中加工ギャップなので側面は放電が飛ばない＝加工されずに面は粗いまま

Z軸を加工するときに電極をXY平面で運動させることで見かけ上電極を大きくする
少しずつ行うことで、1本電極で仕上げ加工が可能

ることで側面を仕上げる方法があります。この寄せの動きを、揺動（ローラン）と呼びます。XY平面上を運動させることで見かけ上の電極寸法が大きくなり、電極減寸量の小さい電極で加工するのと同等な効果があります（図1-13）。寄せ量を徐々に変化させることで、加工条件に合わせた細かな電極減寸を設定できます。

また、実際には側面の放電ギャップは大きくなるため、加工チップの排出が促進され、均一な放電が飛びやすく電極コーナの消耗が抑えられるなどの効果もあります。

要点 ノート

形彫り放電加工は、極間ギャップを最適に保ちながら電極を連続して送り込み、目標深さまで加工を行います。通常、減寸量の異なる複数の電極で仕上げ加工を行いますが、底面と側面を効率良く仕上げる揺動を活用します。

【2 形彫り放電加工特有の加工性能

極性と無消耗加工の発動条件

❶電極消耗

放電点では、電極と加工物の双方が高温になります。このため放電加工を行うと、加工物が除去加工されると同時に電極も消耗します、この消耗度合いを、重量や端面長さの比率で表現したものが消耗率です。工具に相当する電極の摩耗は少ない方が良く、消耗率は数値の小さい方が良い加工となります。

❷極性

電極側が負極で加工物が正極の場合を正極性、電極側が正極で加工物側が負極の場合を逆極性と呼びます。パルス幅が比較的短い電極消耗率10％以上の有消耗領域では、通常は電極消耗率・加工速度とも有利な正極性で加工が行われます。

電極と加工物の組み合わせには最適極性があります。極性が不適切な場合は、電極消耗や加工速度などの最高性能が得られません（**表1-7**）。

❸無消耗加工

電極・加工物の組み合わせや電気条件など一定の条件を備えると、電極がほとんど消耗しない電極無消耗加工が実現できます。これは、グラファイト化した黒色被膜が電極表面に付着し、電極を保護しつつ放電加工が進行するためです（**図1-14**）。電極消耗率が1％以下となるものを無消耗加工と呼びます。黒色被膜の元となる炭素成分は、形彫り放電加工油が熱分解して生じたものです。したがって、炭素成分のない純水を使った放電加工では無消耗現象は現れません。また、電極と加工物の組み合わせによって無消耗・低消耗加工が可能な組み合わせと、不可能な組み合わせがあります。

加工物の材質に関しては、超硬合金のように高融点の材料は高い電流密度が必要であるため、パルス幅の長い加工条件を使用しても無消耗とはなりません。無消耗加工が可能な電極材料の特徴として、熱伝導率が非常に大きいか、あるいは高点であり、かつカーボン被膜が付着することが挙げられます。

放電電流により放電ギャップ温度が上昇することで、放電ギャップの油が熱分解し、電極表面が一定の温度のときにカーボン付着が起き、電気条件は一定値以上の放電エネルギが必要となります。したがって、無消耗加工での最良面

第1章 放電加工の基礎知識

表 1-7 電極・ワークの組み合わせによる極性・消耗特性

電極-加工物	電極極性	備考	電極-加工物	電極極性	備考
Cu-St	+、−	+：無、低消耗	CuW-WC	−	有消耗
Cu-AL	+、−	+：無、低消耗	AgW-St	+、−	+：無、低消耗
Cu-HR750	+、−	+：無、低消耗	AgW-AL	+、−	+：無、低消耗
Cu-WC	+、−	+：低消耗	AgW-WC	−	有消耗
Gr-St	+、−	+：無、低消耗	Cu-Cu	−	有消耗
Gr-AL	+、−	+：無、低消耗	W-St	−	有消耗
Gr-BeCu	+、−	+：無、低消耗	W-WC	−	有消耗
Gr-HR750	+、−	+：無、低消耗	Cu-Ti合金	+、−	+：無、低消耗
CuW-St	+、−	+：無、低消耗	St-St	+	+：低、有消耗
CuW-AL	+、−	+：無、低消耗			

（注）電極極性＋：逆極性　電極極性−：正極性

図 1-14 電極無消耗加工

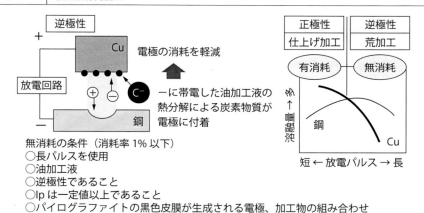

無消耗の条件（消耗率1%以下）
○長パルスを使用
○油加工液
○逆極性であること
○Ipは一定値以上であること
○パイログラファイトの黒色皮膜が生成される電極、加工物の組み合わせ

粗さには限界があり、その限界は8μmRz前後です。それ以下の面粗さでは放電加工エネルギがより低くなるため、面粗さが細かくなるとともに消耗が増加する傾向が見られます。

要点ノート

形彫り放電加工では、電極消耗が少ない加工が望ましく、極性や電極と加工物の組み合わせに依存します。消耗率1%以下の無消耗加工が可能であり、電極表面にグラファイト化した被膜が付着して加工が進行するためです。

2 形彫り放電加工特有の加工性能

液処理の分類と特徴

❶噴流加工
電極が加工物（および加工物を固定する治具）に設けられた噴流穴より、加工液を流す方法です（**図1-15**）。効果的に放電ギャップの生成物を排出できますが、電極または加工物に噴流穴が設けられることが前提となります。下穴噴流加工の加工拡大代の値は下部が小さく、上部が大きくなる傾向となります。

❷吸引加工
電極あるいは加工物（および加工物を固定する治具）に設けられた吸引穴より、加工液とともに吸引する方法です（**図1-16**）。生成物は放電ギャップを通過しないため、そこでの2次放電が発生せず、加工真直度が向上します。加工物側から吸引壺を用いて吸引加工を行う場合、放電時に発生したガスが吸引壺内に残留すると、放電火花で引火して爆発を引き起こす可能性があり、吸引位置や吸引力の強弱に十分な注意が必要です。

図 1-15 噴流方式

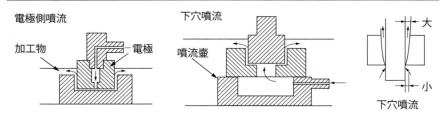

図 1-16 吸引方式

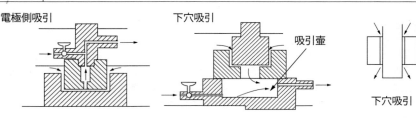

❸ノズル噴射加工

　ノズルから加工液を噴射する加工です（**図1-17**）。片側噴射加工の場合に加工チップが反対側に流れるため均一な液処理が難しく、ノズル側の放電ギャップが小さく反対側が大きくなる傾向があります。そのため両側からノズル噴射を行う方法もありますが、電極中央部で対向することになり、液の流れが複雑になるため注意が必要です。

　噴流や吸引における液処理圧力は、加工条件、電極・加工物の組み合わせ、加工の種類などによって異なります（**図1-18**）。安定放電のためには極間に適度なチップ濃度が必要です。無消耗加工では、液圧が高すぎるとカーボンがつかず加工不安定になって電極消耗が増加し、低すぎると加工チップが滞留して加工不安定となり加工時間が長くなります。

図1-17　ノズル噴射方式

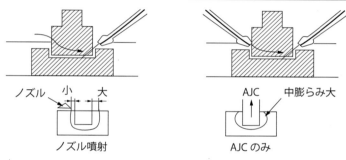

図1-18　液処理加工の例

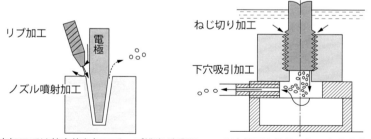

要点 ノート

放電加工では、極間の加工チップを迅速に排出して安定放電を持続するため、噴流・吸引・ノズル噴射の液処理を活用します。加工条件・電極・加工物の組み合わせにより、最適な液処理法を設定します。

〈2〉 形彫り放電加工特有の加工性能

電極ジャンプの役割と効果

❶加工を左右する電極ジャンプ設定

　電極ジャンプ加工では、電極の上昇時に加工窪み部に周囲から加工液を吸引し、電極が下降する際に加工液が加工部から排出されるポンピング作用によって、生成物を排出します。常に規則的な電極の上下動作によって生成物の排出が行われるため、加工の安定性が維持されます。

　ノズル噴射加工のような放電ギャップのむらが生じない利点がある反面、ジャンプ動作中は加工が行われないため、加工効率は低下します。電極ジャンプによる加工チップの排出効果は、ジャンプの上昇・下降速度やサイクルによって左右され、速度が速い方が効果的です。特に深物の加工は、ジャンプ設定が不適合では加工不能になる場合もあるため、ジャンプ条件は加工条件設定要素の中でも非常に重要な要素のひとつです。

　最近の形彫り放電加工機では、各軸の駆動がボールねじからリニアモータに変わり、それに伴い電極ジャンプ速度と加速度は飛曜的に高速化されました。底付き加工では、噴射ノズルなどを使わずとも効率的な加工が可能となっています。均一かつ十分な加工チップの排出が行われるため、加工拡大代も全周にわたって均一です。

❷ジャンプ動作時の反力の影響を考える

　電極ジャンプ動作の際には、加工液に対してポンピング動作が行われるため、放電ギャップには電極および加工物には反力が作用します。その大きさは上昇と下降で異なり、電極の上昇・下降速度や間隙距離によっても変化します。

　注射器のピストン運動を想像するとわかるように、電極上昇時には放電ギャップに加工液が流れ込みにくいため電極を下に引き下げる力が、電極下降時には充満した加工液を排除するために、電極を上に押し上げる力が作用します。これら反力は電極面積に比例します。また間隙距離が小さいほど大きく、上昇下降速度が速いほど大きくなります。そのため、ジャンプ速度は通常は電極面積に反比例する値で設定します。

　このように、電極ジャンプ動作時には電極および加工物に大きな反力が作用

第1章 放電加工の基礎知識

図 1-19　電極ジャンプ動作と側面放電ギャップ

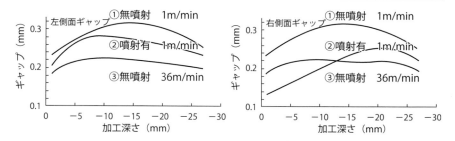

図 1-20　リニアモータ駆動での電極ジャンプ動作の効果

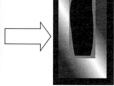

方向性により形状の膨らみが生じる。加工代を多くとる傾向にあり、加工時間が長くなる
深もの加工に限界がある

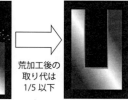

◆ポンピング作用によるチップ・ガス・タールの迅速排出
↔無噴流加工を実現
◆2次放電発生なしによる形状の膨らみ回避

する可能性があり、電極の取り付けや加工物の固定の際にはこれらの力を考慮しなければなりません（図1-19）。通常、形彫り放電加工では加工物の固定にマグネットチャックが使われる場合が多いですが、電極面積が大きくなる場合には固定金具などで強固に固定して位置ずれしないようにします。

電極の取り付けの場合も、電極質量だけではなく電極面積に応じた負荷を考慮し、十分な剛性を持った取り付けを行うことが必要です（図1-20）。

要点 ノート

電極の上下ジャンプ動作により、極間の生成物が排出されて安定加工が持続し、その速度が速いほど均一性が向上します。電極ジャンプ動作に伴い、電極・加工物に反力が作用するため、強固な固定が必要です。

【2 形彫り放電加工特有の加工性能

揺動（ローラン）加工の
メリットと選び方

❶揺動（ローラン）加工の目的

「放電ギャップと仕上げ加工」の項でも述べましたが、揺動（ローラン）加工法は、電極と加工物間に2次元または3次元の相対運動を行わせる加工法で、形彫り放電加工が広く応用されるきっかけとなった加工法です。

揺動加工の特徴として、電極1本で荒加工から仕上げ加工まで可能となるため、多数電極の設計製作や電極交換などの手間が省けるほか、電極コストの削減にもなることが挙げられます。また、電極減寸を自在に取れることから加工寸法の調整が可能で、加工時間の短縮にもなります。側面の放電ギャップが定期的に変化することから加工チップの排出を促進し、側面のうねりやテーパが改善されるほか、放電当たりが均一化して電極コーナ消耗が減少することから加工精度の向上が見込めます。

❷揺動の形態

揺動の形態としては、Z軸と非同期でXY平面にて最初から一定の揺動量（ステップ量）の動作を行う加工、Z軸とXY平面の揺動量を同期し、徐々に揺動量を増加する加工、Z軸方向の送りを制限して側面を仕上げる加工、Z軸を固定してXY平面の拡大のみを行う加工など、非常に多くのパターンがあります。

揺動加工の形態によって、電極消耗および加工精度は異なります。揺動のパターンとしては、XY平面のみで円・四角・十字などの平面動作パターンのほか、Z軸と連動した球形状・円錐・蒲鉾・3軸放射など3次元形状のパターンも用いられます（**図1-21**）。平面形状でよく用いられるのは円と角パターンですが、角パターンでは加工形状は電極形状に対して相似形状にはならず、注意が必要です。一方、円パターンではエッジ部に必ずRがつくため、最小加工拡大代でのコーナRに注意する必要があります（**図1-22**）。

球面形状は3次元形状の代表的な加工で、平面揺動では底面部に平坦部が生じるため、3次元形状の球揺動を使用します。このほか、2次元平面形状電極の多くで円揺動を使用するように、任意の3次元曲面を持つ立体電極では球揺動を用いて加工する場合が増えています（**図1-23**）。

第1章 放電加工の基礎知識

図 1-21　揺動（ローラン）のパターン

0000	***1	***2	***3	***4	***5	***6	***7	***8	***9
OFF	○	□	◇	×	＋	正多角形	等放射	象限別	任意形状

**0*	**1*	**2*	**3*	**4*	**5*	**6*	**7*
	錘	テーパ	逆テーパ	クサビ	カマボコ	球	竹槍
OFF	例	例	例				例

図 1-22　電極と加工物間に相対運動を行わせる主な揺動モードと適用

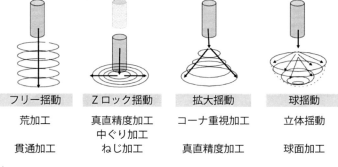

フリー揺動　　　Ｚロック揺動　　　拡大揺動　　　球揺動

荒加工　　　　　真直精度加工　　　コーナ重視加工　立体揺動
　　　　　　　　中ぐり加工
貫通加工　　　　ねじ加工　　　　　真直精度加工　　球面加工

図 1-23　いろいろな揺動加工

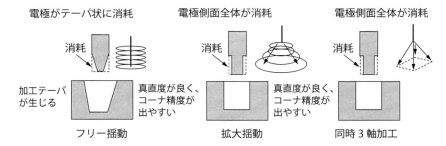

電極がテーパ状に消耗　　　電極側面全体が消耗　　　電極側面全体が消耗

加工テーパが生じる　　　　真直度が良く、コーナ精度が出やすい　　真直度が良く、コーナ精度が出やすい

フリー揺動　　　　　　　　拡大揺動　　　　　　　　同時3軸加工

要点ノート

電極と加工物に2次元あるいは3次元の相対運動を行わせる揺動加工法は、電極コスト削減、加工時間の短縮、加工精度向上などの効果が得られます。揺動パターンにより仕上がり形状が異なります。

❰2❱ 形彫り放電加工特有の加工性能

形彫り放電の加工変質層と鏡面加工

❶加工変質層

　形彫り放電加工の鋼材の加工では、加工油の分解によって発生した炭素が高温高圧環境の下で浸炭し、炭素含有率の高い表面層を形成します（**図1-24**）。これは白層と呼ばれ、硬度が上昇しており面粗さ程度の厚みです。熱影響層全体では面粗さの約2倍の厚みとなります。材料によっては溶融再凝固の際の残留応力により、マイクロクラックが発生する場合があるため注意が必要です。

❷鏡面加工

　放電加工によって得られる面性状は梨地面が一般的ですが、電気条件を調整することで放電加工による鏡面加工が可能です。**表1-8**に各種鏡面加工法を示します。機械的加工法が大半を占める中で、電気的加工法による鏡面加工もなくてはならない存在です。特に、形彫り放電加工機が多く採用される金型製作ではその威力を発揮します。

　しかし、有消耗放電であるため電極消耗が大きい、微小な加工エネルギによる加工のため加工速度が小さい（長時間加工）、加工物材質によって鏡面加工性能は異なる（材料によっては鏡面にならないものもある）、電極投影面積により最良鏡面粗さが左右され、大面積では鏡面となりにくいなどの特徴もあるため、用途に応じて選択する必要があります。

図1-24 放電加工の加工断面図（イメージ）

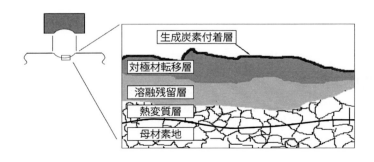

❸放電痕面積が広い特殊加工

ICパッケージの金型ではRSmで表す面粗さを重視する場合があります。加工条件の調整で、1発ごとの放電痕の面積が広く、深さの浅い盆地形状のクレータとなります（ソディック「IC-PIKA」）。このような表面性状は射出成形時の金型からの剥離性や、型のメンテナンス性が良くなります（**図1-25**）。

表1-8 加工物材質と鏡面加工性能

グループ名	材質または銘柄	最良面粗さ (Rzμm)	鏡面性	摘要
A	SKD61	0.2	◎	合金工具鋼
	STAVAX	0.3	◎	アッサブ特殊鋼
	SKS3	0.3	◎	合金工具鋼
B	SKH9	0.4	○	高速度鋼
	NAK80	0.5	○	プラスチック金型用鋼
	HPM31	0.4	○	〃
	S55C	0.6	△	構造用炭素鋼
	SKD11	0.5	△	合金工具鋼
C	HPM1、HPM2	3	×	〃
	NAK55	3	×	〃
D	BS	0.6	◆	非鉄金属
	AL	0.7	◆	非鉄金属
	超硬合金	0.7	◆	粉末焼結合金

◎：非常に良い　○：良い　△：普通　×：悪い　◆：梨地面

図1-25 表面性状の比較

標準面

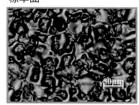

VDI ：22.8
Ra ：1.380μm
Rz ：8.538μm
RSm：79.1μm

「IC PIKA」加工を施した面

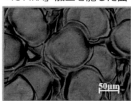

VDI ：22.9
Ra ：1.390μm
Rz ：7.769μm
RSm：192.1μm

要点　ノート

放電加工の熱溶融により、工作物表層は面粗さ2倍程度の熱変質層を成形します。放電加工の面性状は梨地面が一般的ですが、加工条件の調整によって放電特有の鏡面仕上げが可能です。

【2 形彫り放電加工特有の加工性能

形彫り放電加工の工程概要

❶事前確認事項

　放電現象を使った形彫り放電加工ですが、実際加工を行うには事前に加工内容を把握し、工程計画を立ててから加工を行います。加工前に以下の内容を確認しておきましょう。

　　○電極材質（銅、グラファイト、銅タングステンなど）
　　○電極本数（荒、仕上げ、おのおの何本か）
　　○電極の取り付け方法（剛性、精度は十分か）
　　○加工物材質（鋼、超硬合金、アルミなど）
　　○加工物の取り付け方法（マグネットチャック、バイスクランプなど）
　　○加工形状（電極と加工物の形状、減寸、加工面積、揺動パターンなど）
　　○面粗さ（Rz、Ra、VDIなど）※Rz、Ra、VDIは面粗さの規格
　　○位置決め基準（基準球の使用可否、中心出し、コーナ位置決めなど）

　必要な情報が揃ったら、工程計画を立てます。

❷基本工程

①図面指示、電極材質、電極本数などから加工プログラム作成

　加工プログラムを作成することで、不足情報などのチェックができます（**図1-26**）。加工体積、加工物材質、電極材質などから加工時間を予測します。

②加工物・電極のセッティング

　外段取りを利用することで、機械の稼働率を上げることができます。自動電極交換装置を利用する場合は、個々の電極に応じた位置補正が必要です。

③位置決め

　位置決めを精度良く行うには基準球などを用い、接触面積を小さくします（**図1-27**）。基準球や位置決め部は綺麗に清掃しましょう。

④加工

　寸法測定後必要があれば、追加工を行います（**図1-28**）。

　最近の機械はコンピュータの進化により、GUI（グラフィカル・ユーザー・インターフェイス）で位置決めなどほとんどの操作を行うことや、加工プログラムも画面に諸条件を入力するだけで作成することができます。しかし、実際

第1章 放電加工の基礎知識

図 1-26 自動加工プログラム作成支援アプリーアシスト画面

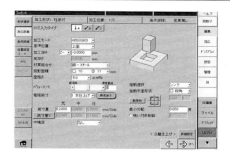

図 1-27 段取り作業－基準球での位置決め

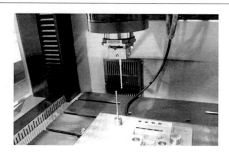

図 1-28 形彫り放電加工－実加工中

の製造現場ではまだNCプログラムやGコードが現役で、慣れてくるとコード操作の方が手際良く行えることもあります。段取り速度を上げたいときは、Gコードを試してみるものよいでしょう。

要点 ノート

実加工を行うには事前に加工内容を把握し、工程計画を立ててから加工を行います。加工物や電極、基準球は加工チップや油煙などで意外と汚れるものです。常に清掃するようにしましょう。

35

【2 形彫り放電加工特有の加工性能

細穴放電加工の工程概要

❶事前確認事項

　放電現象を使った細穴放電加工ですが、パイプ電極旋回機能や電極中心穴から高圧噴流を噴出する機構を持つことが特徴です。実加工を行うには事前に加工内容を把握し、工程計画を立ててから加工を行います。形彫り放電加工と似た部分も多いのですが、細穴放電加工特有のチェック項目もあります。加工前に以下の内容を確認しておきましょう。

　　○加工物材質（鋼、超硬合金、アルミなど）
　　○加工物の取り付け方法（マグネットチャック、バイスクランプなど）
　　○パイプ電極径（穴径に応じ選択）
　　○パイプ電極材質（銅、黄銅、タングステンなど）
　　○パイプ電極本数（厚板や電極消耗が多く、電極1本だと足りない場合）
　　○加工形状（加工物の厚み、貫通穴、止め穴、穴の倒れ公差など）
　　○面粗さ（Rz、Ra、VDIなど）※Rz、Ra、VDIは面粗さの規格
　　○バリ（穴周囲のバリ）
　　○位置決め基準（中心出し、コーナ位置決めなど）
　必要な情報が揃ったら、工程計画を立てます。

❷基本工程

①図面指示、電極径などから加工プログラム作成

　加工プログラムを作成することで、不足情報などのチェックができます（図1-29）。穴径、ワーク材質、加工深さなどから加工時間を予測します。

②加工物・パイプ電極のセッティング

　自動パイプ電極供給装置を使用することで、多数穴の無人加工を行えます（図1-30）。

③位置決め

　位置決めを精度良く行うには、電極を旋回させます。位置決め部は綺麗に清掃しましょう。

④加工

　穴が目標深さや目標径に到達していないときは追加を施します（図1-31）。

第 1 章　放電加工の基礎知識

| 図 1-29 | 自動加工プログラム作成支援アプリーアシスト画面 |

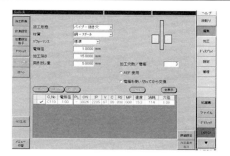

| 図 1-30 | 段取りーパイプ電極のセッティング |

| 図 1-31 | 細穴放電加工ー加工前 |

要点　ノート

細穴放電加工は、電極旋回機能や電極中心穴から高圧噴流を噴出する機構を持つことが特徴です。バイスクランプや突き当て治具などを使って、効率的に加工物のセッティングを行えるようにしましょう。

3 ワイヤ放電加工の基礎と特徴

ワイヤ放電加工の適応分野と特徴

❶高精度・微細加工が得意

　ワイヤ放電加工は、ワイヤ電極を用いて液中で加工物を溶解・除去しながら、輪郭形状を加工するものです。形彫り放電加工同様に、材料硬度に関係なく高精度な加工ができます。

　ワイヤ放電加工機は、0.02～0.3mmのワイヤを電極としてワイヤに張力をかけた状態で走行させながら、ワイヤと加工物の間に放電を発生させて糸鋸のようにワイヤ線で金属を切断（除去）していきます（**図1-32**）。NC電源装置で制御することにより、複雑な2次元形状を正確に加工できるのはもちろん、テーパを持った3次元形状も加工することができます。

　用途としては金型や特殊部品の加工で、順送プレス金型、アルミ押し出し型などの貫通型や、入れコマによるキャビティ金型、極めて微細な加工も可能なことからICリードフレーム型、時計歯車や化繊ノズルなどの部品加工にも使用されています（**図1-33**）。また、高硬度材を加工できることからPCD工具加工にも用いられています。

❷ワイヤ放電加工のメカニズム

　ワイヤ放電加工のメカニズムは形彫り放電加工と同様ですが、電極が順次送り出されるワイヤ電極という点が異なります。電圧を印加したワイヤ電極を加

図1-32 ワイヤ放電加工の概略イメージ

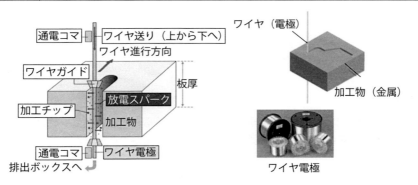

第 1 章　放電加工の基礎知識

工液中で加工物に近づけると、加工物とワイヤ電極間の絶縁が破壊され火花放電が発生します。火花放電を起点に、より熱エネルギの大きいアーク放電が発生します。アーク放電の熱量は中心部で6,000〜7,000 Kに達し、加工物を短時間で溶融・蒸発します。急速に加熱された絶縁液は気化膨張し、溶融した金属を加工チップとともに排出します（図1-34）。

図 1-33　ワイヤ放電加工で作られるモノ

プレス金型（ダイ形状、モータコア）

順送プレス精密金型

PCD 工具

化繊ノズル

図 1-34　ワイヤ放電加工の原理

①火花放電の発生　②アーク柱の成長＆金属の溶解　③爆発・飛散　④冷却・加工チップの排除、くぼみの発生

要点 ノート

ワイヤ放電加工は、ワイヤ電極と加工物との間に放電を発生させ、液中で溶解・除去を行うことで輪郭形状を加工します。プレス抜き型、化繊ノズルなどの金型や、時計の歯車、PCD 工具などの部品加工に利用されます。

【3 ワイヤ放電加工の基礎と特徴

ワイヤ放電加工機の基本構成

❶機械の主要構造

　ワイヤ放電加工機は、**図1-35**に示す通り、加工軸であるXYテーブルおよび主軸Z軸から構成されています。加工物厚みに合わせてZ軸高さを調整し、Z軸方向にワイヤ電極を走行させ、XY軸でワークスタンドに固定された加工物を相対移動させることにより2次元加工を行います（**図1-36**）。

　ワイヤ電極は、ワイヤボビンから引き出され、加工物上方のZ軸（上アーム）に取り付けられた上ガイド、および加工物の下側（下アーム）に取り付けられた下ガイドを通って、ワイヤ巻き取り装置に一定速度で引っ張られながら走行しています。

　ワイヤ電極は、加工中に発生する放電反力や放電吸引力が作用するため振動が発生しますが、これらを抑制しワイヤ真直性を高めるため、ワイヤ電極には一定の張力がかかるように制御されています。またほとんどのワイヤ放電加工機では、XY軸に平行な平面上にテーパカットユニット（UV軸）が装備されています。このテーパカットユニットによりワイヤ電極を傾けて加工することで、テーパ形状の加工や上下異形状などの複雑な加工を行うことができます。

❷浸漬部および制御装置

　加工液には加工速度が大きいイオン交換水を使用することが一般的ですが、高精度加工では放電加工油を使用する場合もあります。加工タンクへの加工液の供給と循環のために、サービスタンク、送液ポンプがあります。

　加工物とワイヤ電極間へ常に正常な加工液を供給することで、極間の加工チップを排出して加工を安定させる上下噴流ノズル、加工液に混入するチップを濾過するフィルタが装備されています。また、加工液の温度を一定に保ち、加工精度を維持するためユニットクーラが装備されています。

　水加工液の場合には、純水器（イオン交換樹脂）が装備され、加工中に適時通水することで加工液の比抵抗値を一定に保ちます。

　XY軸およびUV軸はNC電源装置で制御され、外部のCAD/CAM装置で作成、あるいはNC電源装置に搭載された自動プログラム作成ソフトや編集画面で作成された加工形状のプログラムと、加工形状や所望の精度に応じた放電加

第1章 放電加工の基礎知識

図 1-35 ワイヤ放電加工機の構造

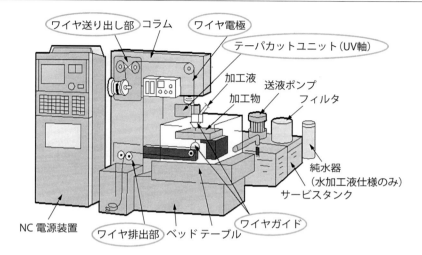

図 1-36 ワイヤ放電加工機の外観

工条件とともに実行することで、形状や加工状態に応じた最適な制御を行い、加工を仕上げることができます。

要点 ノート

ワイヤ放電加工機は、XYテーブル、ワイヤ電極を傾けるテーパカットユニット、ワイヤ電極供給・走行関連、および浸漬のための加工タンク・サービスタンク、NC電源装置などで構成されています。

【3】ワイヤ放電加工の基礎と特徴

ワイヤ電極の種類と選び方

❶ワイヤ電極の種類

ワイヤ放電加工では見かけ上の電極消耗を少なくするため、ワイヤ電極を加工中は常時走行させて加工します。一般に使用したワイヤ電極は、精度悪化や加工中の断線を避けるために再使用はしません。

ワイヤ放電加工に使用される電極は、銅、真鍮（黄銅）、タングステン、モリブデン線がありますが、加工性の良い真鍮線がよく使用されます（**表1-9**）。

○通常：0.1～0.30 mm——真鍮線、コーティング線

○細線：0.05～0.1 mm

○極細線：0.02～0.05 mm——タングステン線

❷ワイヤ電極の線径の決め方

ワイヤ電極は、加工物の厚みや形状精度（最小コーナR）、加工目的などによって線径を決めます。

太径ワイヤ電極の場合は、加工への投入エネルギを大きくできるため、加工速度を上げることが可能です。逆に投入エネルギが同等の場合には、集中放電に強く断線しにくくなります。また、加工溝が広くなり加工チップ排出が効率的になるため、加工可能な最大板厚が大きくなります。一方で最小コーナRが大きくなる、ワイヤ消費量が増大するなどのデメリットもあります。

細径ワイヤ電極の場合は小さいコーナRを加工でき、微細な形状を加工することに向いています。しかしワーク板厚が大きい場合は、加工速度は遅くなります。また細線で高板厚を加工した場合に、ワイヤテンションを大きくかけられないためギャップが広がり、所望の形状に仕上がらない可能性もあります。

ワイヤ線径が小さくてもワイヤテンションを大きくとるために、加工性が多少劣るとも、タングステンなど引張強さの高い材料を使用したワイヤ電極を使用することもあります。また加工性の面から、高張力ピアノ線に亜鉛をコーティングした複合ワイヤ電極が用いられることもあります。

最近では、0.2 mmや0.25 mmなどの一般に使用される真鍮ワイヤ電極でも、銅と亜鉛の比率を調整したワイヤ電極や、放電性の良い亜鉛を表面にコーティングした高性能な複合ワイヤ電極が用いられます（**図1-37**）。

第 1 章 放電加工の基礎知識

表 1-9 ワイヤ電極の種類

線種	代表的線径 (mm)	引張強さ (N/mm^2)	伸び率 (%)	適用分野 標準	適用分野 高速	適用分野 精密	コスト
真鍮	0.10/0.15/0.20/0.25/0.30	960〜	4以下	◎			◎
真鍮亜鉛コーティング	0.20/0.25/0.30	900〜	4以下		◎		○
真鍮亜鉛熱拡散	0.10/0.15/0.20	920〜	4以下	◎	◎		○
ピアノ芯黄銅めっき	0.03/0.05/0.07/0.10	2,160〜1,900〜				◎	△
ピアノ芯黄銅亜鉛めっき	0.03/0.05/0.07/0.10	2,160〜1900〜			○	◎	△
タングステン	0.02/0.03/0.05/0.07/0.10	3,000〜2,000〜				◎	×

図 1-37 亜鉛コーティングワイヤ電極の構造

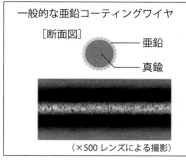

一般的な亜鉛コーティングワイヤ
[断面図] 亜鉛／真鍮
（×500 レンズによる撮影）

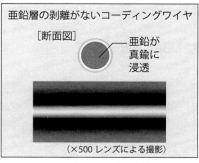

亜鉛層の剥離がないコーティングワイヤ
[断面図] 亜鉛が真鍮に浸透
（×500 レンズによる撮影）

コーティングワイヤは導電性が良い真鍮線の周りに、放電が飛びやすい特性を持つ亜鉛を付着させたもの。近年ではさらに亜鉛を浸透拡散することにより、亜鉛層の剥離がなく安定した放電を行うことができるワイヤ電極も開発されている

要点 ノート

ワイヤ放電加工では、ワイヤ電極を常時走行させて加工し、加工後は再使用せず廃棄します。加工物の厚みや最小コーナ R、加工目的などによりワイヤ電極の線径を決定します。

【3 ワイヤ放電加工の基礎と特徴

加工液（水と油）の特徴と
使い分け

❶加工液の役割

　ワイヤ放電加工の加工液は、イオン交換水または放電加工油が用いられます（**表1-10**）。加工液の役割は、極間の絶縁や放電による衝撃圧力の発生、冷却効果、加工チップの排出です。

　ワイヤ電極は放電ギャップで発生する熱により高温となり、断線しやすくなります。これを速やかに冷却し、放電ギャップの加工チップを排出し、絶縁回復させる必要があります。ワイヤ放電加工機では当初、ワイヤ電極の周りに水流をかけて加工を行う噴流式が一般的でしたが、加工の安定性や加工精度を追及するにつれて、加工物を加工液に浸して加工する浸漬式が一般的になっています。また油加工液の場合には、火災予防の観点から浸漬式のみとなります。

　形彫り放電加工機では放電加工油を用いた加工が一般的ですが、ワイヤ放電加工では水加工液と油加工液を用途に応じて使い分けます。

❷水加工液と油加工液

　一般的なワイヤ加工では、加工速度が速い水加工液が多く用いられています（**図1-38**）。加工速度が速いほか、油加工液に比べて粘性が低いため加工チップの排出効果が高く、比熱が大きいため冷却効果も高くなっています。一方で放電ギャップ（クリアランス）は大きく、最良面は油加工に劣ります。また、加工物の腐食や超硬合金でのコバルト流出対策など、加工前後の工程が必要となります。

　水道水は導電性があるため絶縁回復がされにくく、通常はイオン交換樹脂を通したイオン交換水が用いられ、一般に比抵抗値は50,000〜100,000 Ωcmの範囲で用いられます。比抵抗値は加工速度や形状精度、面粗さに影響を与えるため、加工中は常に一定に保つよう管理することが重要です。

　水加工では加工表面に軟化層が形成されることで、磨きによる除去が必要となります。

　油加工液は絶縁性が高いため放電ギャップが小さく、形状や寸法精度も安定しやすい特徴があり、また面粗さも水加工に比べて細かい面を得ることができることから、微細形状加工に適しています。一方で、一般に加工速度は水加工

44

表 1-10 ワイヤ放電加工における加工液の特徴

特性	油	水
絶縁性	◎	○
冷却効果	○	◎
放電ギャップ（狭い）	◎	○
最良面粗さ（細かい）	◎	○
形状寸法	◎	○
寸法バラツキ（少ない）	◎	○
排出（加工チップ）	○	◎
加工速度	△	◎

特性	油	水
加工面質	硬化層	軟化層
手磨き	△	◎
腐食・サビ	◎	△
後工程	簡単	煩雑
加工液管理（変質）	なし（補充）	比抵抗
イオン交換樹脂	不要	消耗品
防火設備	必要	不要
規制、申請	煩雑	容易

物性値	油	水
比重 g/cm^3	0.75	1
比抵抗値 Ωcm	$1 \sim \times 10^{10}$	$50,000 \sim$

物性値	油	水
比熱 KJ/kg·k	2.2	4.2
粘性 mm^2/s	1.88	1.00

図 1-38 加工環境による構成因子

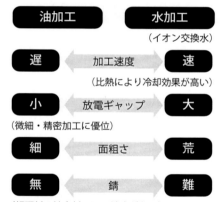

よりも遅くなります。しかし、もともと大きな電流を流せない 0.1 mm 以下のワイヤ電極径による微細加工では、水加工に匹敵し、求める精度・面粗さによっては総合的に水加工を超える加工速度を出せるようになってきています。また、油加工液では加工液の劣化と火災防止に留意することが欠かせません。

> **要点 ノート**
>
> ワイヤ放電加工には、イオン交換水または放電加工油が用いられ、極間の絶縁や放電による衝撃圧力の発生、冷却効果、加工チップの排出がその役割です。一般的には、加工速度の速い水加工液が使用されます。

【3 ワイヤ放電加工の基礎と特徴

プロセスに関わるワイヤ放電回路と加工条件

　ワイヤ放電加工では、加工電極として常に新しいワイヤ電極が送り出されていて、通常はワイヤ電極の消耗を考慮する必要はありません。ワイヤ放電加工では、パルス幅が小さく電流ピーク値の大きいパルス電流を極間に発生させています。過度の加工エネルギを加えた場合や液処理などで加工が不安定なときに、ワイヤ断線が発生するため注意が必要です。

　「消耗を考慮する必要はない」と書きましたが、消耗の大きい高板厚材の荒加工を行う際や、サブミクロン台の高精度の仕上げ加工を行うときは、消耗を考慮してわずかにワイヤ電極を傾斜（テーパ）させる場合があります。

❶ワイヤ断線に留意

　加工速度や面粗さは、電気条件とモーション条件により決まります。ワイヤ電極や加工液に関する条件は、ワイヤ断線や加工チップの排出に影響を与えるため、加工速度を決める2次的条件となります。加工速度は、ワイヤ電極が単位時間に加工する距離×板厚で表されます。板厚が薄い場合にはワイヤ電極進行速度は速くなり、厚い場合には遅くなります。電気的条件を調整することで加工エネルギを増加させると、加工速度は速くなります。

　板厚が薄い場合には、加工面積が小さいため単位面積当たりの電流密度が大きくなります。したがって、加工投入エネルギを抑えるか、ワイヤ電極の送り速度を速める必要があります。また板厚が厚い場合には、加工物とワイヤ電極との間隙に加工液が入りにくくなるため断線しやすくなり、液処理を強くするか加工投入エネルギを抑えることが必要です。

　ワイヤ電極径が太いほど加工電流を流しやすくなり、大きな加工エネルギを投入できます。ワイヤ電極は常に、放電加工による融解熱にさらされています。通常ワイヤ放電では板厚方向に放電が分散して飛びますが、集中放電が発生するとワイヤ電極は断線し、加工を続行することができません。そこで、ワイヤ電極径に応じた加工条件を選択します。ワイヤ放電加工機ではNC電源装置の適応制御により、極力ワイヤが断線しないよう加工エネルギを調整します。

❷水加工液の場合は電解腐食に留意

　ワイヤ放電加工の場合も形彫り放電加工と同様に、放電パルスのエネルギを

図1-39　ワイヤ放電加工要件の種類

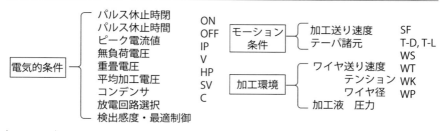

図1-40　放電波形の比較

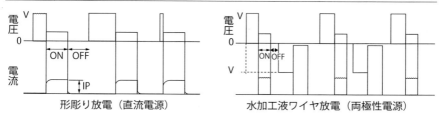

決定します。極間に印加される電圧・重畳電圧、放電パルスオン時間と休止時間、ピーク電流値などの電気的条件は同様の考え方です。また、加工送り速度SFと平均加工電圧などのモーション条件の考え方も同様です（**図1-39**）。

　水加工液で比抵抗が小さい場合、加工液中に電流が流れやすいことで、放電ギャップは広がります。このため、加工チップの排出が容易になり加工速度が向上します。しかし比抵抗が低すぎると、ワイヤ電極と加工物間に電流リークが生じるため放電効率や加工速度が落ち、電解腐食が発生するほか、超硬合金ではバインダとして用いられているコバルト溶出が発生しやすくなる懸念もあります。狭ギャップの精密加工や超硬合金の加工では、比抵抗を高くして加工する場合が多くなっています。

　水加工液の電解腐食を抑制する技術として、近年のワイヤ放電加工機では、正極と逆極の電圧を交互に印加して極間電圧の平均値をゼロとし、加工電流は一方向に流れるような電源が一般的となっています（**図1-40**）。極間の平均加工電圧がゼロとなることで、極間でのイオンの移動が抑制され、加工物の電解腐食を防止します。

> **要点ノート**
>
> ワイヤ放電加工では、パルス幅の小さく電流ピーク値の大きいパルス電流を発生させ、電気条件とモーション条件によりその加工速度・面粗さが決まります。
> 加工速度は単位時間での加工距離×板厚で表示されます。

【4】ワイヤ放電特有の加工性能

ワイヤ放電特有の加工特性

　ワイヤ放電加工で考慮すべき点は、加工速度、面粗さ、加工精度です（**図1-41**）。加工精度はさらにピッチ精度と形状精度に分かれます。ピッチ精度はワークの所定位置に正しく加工されているか、形状精度は形状寸法やコーナ部の精度や真円度、ワイヤ走行方向の真直精度などです（**図1-42**）。

　形彫り放電加工機では、電極消耗や放電ギャップが加工での重要な要素でしたが、ワイヤ放電加工ではあまり気にしません。放電ギャップ（クリアランス）は、プログラムのオフセット量で調整でき、ワイヤ電極は加工中に常に新しいワイヤ電極が供給されるためです。

❶面粗さ

　面粗さは、放電加工の火花一発ごとに発生する放電痕（クレータ）が連続的に積層することで生成され、主に加工に投入されるエネルギで決定されます。また、比抵抗も面粗さに若干影響します。加工液中の放電の飛びやすさが変化してクレータ径に影響するためです。

　面粗さのほかに面質も重要です。加工面でワイヤ電極がハンチングした場合やその振動が不規則で大きい場合、加工面にスジが発生することがあります。

❷形状精度

　形状精度を左右する因子として、加工電流パルスの印加時間や大きさなど加工エネルギを調整する電気的加工条件、ワイヤ電極の位置・速度・サーボ制御を調整するモーション加工条件、オフセットがあります。また、水加工における電気伝導度である比抵抗値、上下噴流などによる加工チップ排出、加工中のワイヤ電極振動を抑制するためのワイヤテンション値なども影響を与えます。

　加工物の円弧や角のコーナ部では、ワイヤ電極のたわみや遅れ、コーナ部への放電電流の集中などにより精度が損なわれます。インコーナ/アウトコーナ、コーナRやシャープエッジなどそれぞれの形状で対策は異なりますが、NC電源装置のコーナ制御機能を活用して、加工軌跡・加工速度や加工条件・噴流制御を最適化することで加工精度が向上します。ほかに、真直方向の精度（タイコ）やテーパ精度も重要です。

第1章 放電加工の基礎知識

図 1-41 | ワイヤ放電加工特性

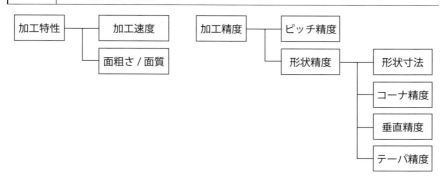

図 1-42 | ワイヤ放電加工の加工精度

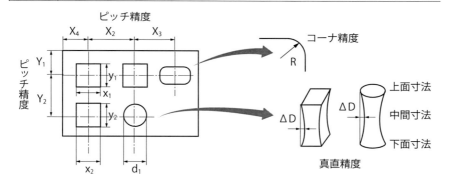

❸ピッチ位置決め精度

　ピッチ・位置決め精度を決定する因子としては、機械の剛性や動的特性はもちろん、加工中・段取り中の気温や液温変化による加工物や機械の熱変形があります。機械に温風や冷風が直接当たらないようにするなど設置環境に注意するほか、段取り時に加工物と加工液をなじませて温度を均一にしておくなど、加工手順の工夫で改善できます。また加工物の取り付け時や加工中に、内部応力が開放されることによる加工物の変形などに起因する精度変化もありますが、これらも段取りを工夫することで改善が可能です。

> **要点 ノート**
> ワイヤ放電加工は、加工速度、面粗さ、加工精度がその加工性能を示し、加工精度は形状に関連するいくつかの指標に分類されます。それぞれは、放電エネルギ、絶縁環境、ワイヤ電極状態など様々な要因が関係します。

【4】 ワイヤ放電特有の加工性能

オフセット、パンチ/ダイ、アプローチ/切り落とし

❶オフセット量

ワイヤ放電加工で使用されるワイヤ電極は0.05〜0.3 mm程度です。狙い寸法通りの製品を加工するためには、プログラム上で所望する形状からシフトした経路でワイヤ電極を移動させる必要があります。このシフトする距離のことをオフセット量と呼びます。オフセット量を実際に加工する加工溝幅の1/2の大きさに設定すると、プログラム図形と同じ寸法が得られます。**図1-43**に示すように、加工溝幅は一般に、ワイヤ電極の径に放電ギャップを加えたものになります。

❷パンチ加工とダイ加工

ワイヤ放電加工の最も一般的な使用方法は、2次元形状のくり抜きです。抜き型において、パンチは内側形状を使用し、ダイでは外側形状を使用します。**図1-44**にパンチとダイの加工を示します。ワイヤ電極の中心が通る経路を加工軌跡と呼び、パンチ・ダイともに加工軌跡が時計回りとなっています。ワイヤ放電加工で所望の寸法を得るには、パンチの加工では加工軌跡がプログラム図形の外側を回り、ダイの加工では内側を回る必要があります。加工軌跡をプログラム図形の内側か、外側にシフトする量がオフセットです。

NCプログラムでは、オフセットは進行方向に対して右側・左側を指定するGコードと、オフセット量を示す補正項コードを組み合わせることで指定します（図1-43）。パンチとダイの組み合わせで加工する場合には、パンチとダイの間に一定の隙間（クリアランス）ができるように加工します。高精度なパンチ・ダイの組み合わせを実現するためには、それぞれの加工物の上下の形状寸法、タイコ量（ワイヤ電極の走行方向の真直精度）、形状のコーナ精度などが重要となります。

❸アプローチと切り落とし

パンチ加工で加工物の外側から所望する形状のプログラム経路まで切り込み加工を行うこと、ダイ加工で加工物にあけた下穴から所望する形状のプログラム経路まで切り込みを行うことをアプローチ加工と呼びます。加工物端面では加工液のかかり方が均一でなかったり、加工中のワイヤ電極の振動が安定でな

第 1 章　放電加工の基礎知識

図 1-43　オフセット量の求め方とオフセットコードの例

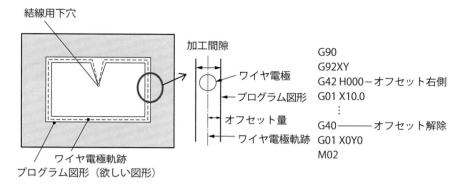

図 1-44　加工形状によるオフセットの違い

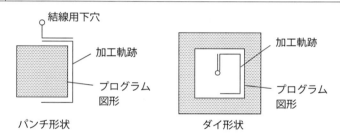

かったりするため、アプローチ加工用の条件を使用します。

　ダイ加工にて形状全部を一度に加工すると、中子（スクラップ）が加工物から切り離されて加工タンクに落ちたり、ワイヤ電極と加工物の間で接触して加工が進まなくなったりします。そこで中子が落ちないように、加工終了直前に加工をいったん止めるようにしておき、中子を固定してから切り落とすなどの対応を行います。

要点 ノート

ワイヤ放電加工では、寸法通りの形状からシフトした位置＝オフセット量を加味したワイヤ電極の加工経路を設定します。主な加工形状にパンチとダイがあり、アプローチ、切り落としなどの特有な加工法があります。

51

4 ワイヤ放電特有の加工性能

荒加工/仕上げ加工の役割と特徴

　ワイヤ放電加工機は、糸鋸加工やウォータジェット加工のように、2次元形状を切り抜くだけのものでした。その後、機械精度が向上し、テーパカットユニットにより複雑な形状を加工できるようになると、より高精度な加工への適用が求められるようになりました。

　そこで形彫り放電加工の場合と同様に、最初は形状誤差や面粗さよりも加工速度を重視して仕上げ代を残した荒加工を行い、仕上げ加工で面粗さを仕上げて形状精度を整えるように、オフセット量を変えながら複数回同一加工プログラムを加工する方法が主流です（図1-45）。

❶実際の加工の進め方

　まず高エネルギの荒加工（1stカット）で、所望の形状を加工します。この際のオフセット量は（ワイヤ径/2＋放電ギャップ＋仕上げ代）となります。中仕上げ加工では仕上げ代を縮小し、エネルギを落として加工することで、面粗さを細かく形状精度を上げます（図1-46、1-47）。2ndカット以降は1stカットの経路と同一方向に加工する場合と、反対方向と同一方向の交互に加工する場合があります。同様にして加工エネルギを小さくしながら、所望の加工精度や面粗さに応じて加工を繰り返します。

❷仕上げ加工の留意事項

　加工現象的には、1stカットがワイヤ電極の進行方向前面で加工するのに対し、2ndカット以降は進行方向に対し側面で加工するという点が異なります。
　荒加工の加工精度は2ndカット以降の中仕上げ、仕上げ加工で形状修正しま

図1-45 加工パスの例

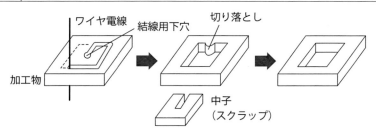

すが、それらは加工エネルギが小さいため、大きく修正すると加工時間がかかります（**図1-48**）。特にコーナ部のだれや高板厚でのタイコなどは、修正量を小さくして仕上げ加工時の負担が減ると加工時間を短縮できます。

図 1-46 ｜ 1st カットと 2nd カットの加工位置の違い

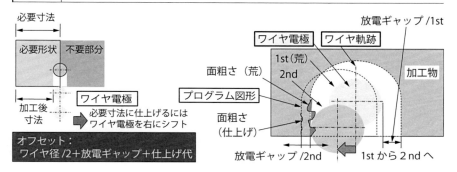

図 1-47 ｜ カット回数と加工精度

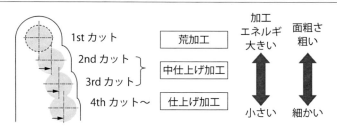

図 1-48 ｜ 面粗さと加工精度の推移

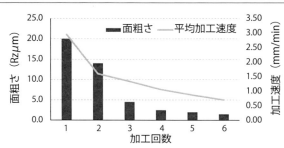

> **要点　ノート**
> ワイヤ放電加工では、加工速度を重視した荒加工を行った後、所定の加工精度と仕上げ面粗さが得られるよう、オフセット量を変えながら複数回、同一な加工形状をたどる方法が主流です。

【4】ワイヤ放電特有の加工性能

真直精度（＝タイコ量）と高板厚加工

❶真直精度に影響するタイコ量

加工物の真直方向の寸法精度について、パンチ形状加工において一般に板厚方向に対して中央部分がへこんだ形状が鼓(つづみ)の形状に似ていることから、正タイコと呼びます。反対に、中央部分が膨らんでいるものを逆タイコと呼びます。これらは加工中のワイヤ電極のたわみや振動、高板厚では加工チップによる2次放電などが原因で発生します。板厚の厚い加工物の場合は上下噴流が加工間隙に十分に入りにくく、タイコが大きくなります。

一般に、加工速度が速くなるとタイコ量は減少し、やがて逆タイコとなります。また、タイコ量は図1-49に示すように、放電ギャップと放電反力に関連して増減するため、加工送り速度と平均加工電圧もバランスを調整することで真直精度を向上させることができます。

最近の制御では、加工条件とワイヤ電極の動きを最適化することにより、タイコ量を減少させるタイコレス制御を搭載した機械もあります。

| 図 1-49 | 放電ギャップ・ワイヤ振動・テンション変動などによる垂直方向の形状精度の悪化 |

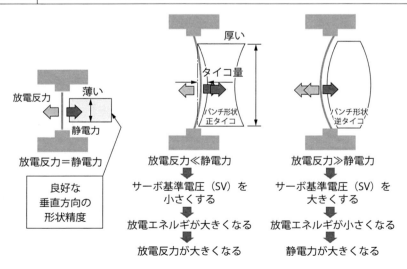

❷高板厚で真直精度を確保する方法

　ほかに高板厚加工で真直精度を上げる方法としては、ワイヤ電極の振動を抑えるためにワイヤテンションを上げる、加工エネルギを抑えてワイヤ電極の放電反発力を抑えるなどの方法があります。また、加工液を十分に放電ギャップに入れるために噴流ノズルを密着させて加工する、あるいは噴流ノズル径を小さくして噴流圧を上げるなどの方法があります（図1-50）。ワイヤ送りを早めることで、上下寸法差・ワイヤ電極消耗の影響を抑えます。

　高板厚加工では、機械の熱変位の影響で垂直方向に傾きを生じることがあります。これは、ワイヤ電極を支える加工物上面の上ガイドと加工物下面の下ガイド（上アーム、下アーム）で機械の変位が発生することが原因です。機械上部と下部で温度差が生じないように、機械の設置環境に留意することが必要です。また段取り時には中間液面機能を使用し、下アームが加工中の加工液温と同じになるようにします。

　最近のワイヤ放電加工機には、加工機全体をカバーで覆うことにより温度環境を安定させるものや、機械各部の温度や気温・加工液温を計測しながら、上下アームの変位を補正して加工する熱変位補正機能が搭載されているものがあります（図1-51）。

| 図1-50 | 加工液の影響 |

1. 板厚大　中央部への加工液流量減少
2. 加工チップ濃度大→放電集中→ワイヤ断線
3. 加工速度の低下

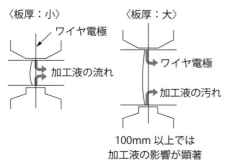

| 図1-51 | 熱変位補正の効果 |

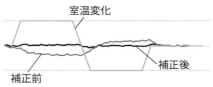

要点　ノート

ワイヤ放電加工で、板厚方向に対して中央部の形状に膨らみやへこみが生じることをタイコと称します。高板厚での高精度加工を行うには、ワイヤ電極のテンションや熱変位対策などの総合的最適化が必要です。

【4】 ワイヤ放電特有の加工性能

テーパ加工とコアレス加工の特徴

❶テーパ加工

　XY軸（下ガイド）に平行なテーパカットユニット／UV軸（上ガイド）を、それぞれ独立に移動させることによりワイヤ電極を傾けた状態とし、傾斜面加工を行うことができます。これをテーパ加工と呼び、抜き金型の裏逃げ加工や部品加工で使用されます（**図1-52**）。このテーパ加工の中で、加工物上面と加工物下面の形状が異なるものを上下異形状加工と呼びます（**図1-53**）。

　テーパ加工で精度良く加工するためには、ワイヤ電極の傾きを決定する上ガイドと下ガイド間の距離を正しく設定することが重要です。高さがわずかでも変化すると、角度に変化が出ます。特に切刃の裏逃げのような、ストレート部の途中から極めて浅いテーパをかける加工では、高さ方向の変化が加工物のテーパ面の精度に大きく影響します。またテーパの角度が大きい場合には、ワイヤ電極の剛性によるワイヤ電極の支点の変化を考慮することが必要です。最近のNC電源装置では、あらかじめこれらの変化を測定しておくことで、加工時のテーパ量を補正する機能があります（**図1-54**）。

❷中子とコアレス加工

　プレス型などのプレートのダイ加工では、1stカット終了後に、不要な中子（スクラップ）を取り出す必要があります。加工中に条件を変更することで、ワイヤ電極の成分である真鍮を加工物と中子のクリアランスに付着させて、中子を一時的に固定し、後からまとめて中子を除去する方法があります。しかし、中子の形状や大きさによっては使用に制限があります。

　小さな中子は加工物とワイヤノズルやワイヤガイドとの間に入り込み、それらの破損やワイヤ電極と加工物の短絡などのトラブルを引き起こす場合があります。これら比較的小さい中子であれば、中子の領域を加工経路で塗りつぶすことにより、中子をすべて加工チップとして消滅させることができます。この方法をコアレス加工と呼んでいます（**図1-55**）。加工時間がかかり、ワイヤ電極の使用量が多くなりますが、上記トラブルを回避するのに有効です。また、自動結線装置を使用することで連続自動運転が可能となります。ワイヤ放電CAMの機能で、コアレス加工の加工軌跡を自動で生成するものもあります。

第 1 章　放電加工の基礎知識

図 1-52　テーパ加工

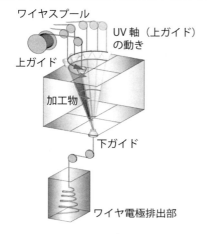

図 1-53　上下異形状の加工例

図 1-54　テーパ量補正機能

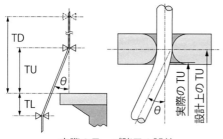

実際のテーパ諸元の誤差　　　　　　　方向ごとのテーパ角度補正

図 1-55　コアレス加工（イメージ）

要点　ノート

テーパ加工とは、XY 軸に平行な上部テーパカットユニット／ UV 軸を独立に移動させ、ワイヤ電極を傾けた状態で傾斜面加工を行う方法です。また、中子処理やコアレス加工などもワイヤ放電加工での代表例と言えます。

【4】ワイヤ放電特有の加工性能

ワイヤ放電の加工変質と特徴

❶軟化層

　ワイヤ放電加工において加工液を水とした場合、鉄鋼材料では一般的に軟化層を生じます（**図1-56**）。これは油加工液中での加工のように、加工油の分解した炭素の浸炭がないこと、ワイヤ電極に用いられる真鍮の成分である銅が鋼材中に侵入するため、と考えられています。この軟化層は白層とも呼ばれ、厚みはほぼ面粗さと同程度です。逆に油加工では、浸炭により表面硬度が上昇する場合があります（**図1-57**）。
　超硬合金の場合は、水の電気分解によりWCが酸化されて、機械的強度の弱いWO$_3$が生成されることでバインダであるコバルトが溶出され、WCの結合力が低下した軟化層が生成されます。しかし、近年では短パルス高周波回路で仕上げ加工を行うことにより、超硬合金でも加工変質層の少ない良好な加工面が得られるようになりました。

❷クラックや加工面の割れ

　放電加工は放電による熱エネルギによる加工であり、放電パルスによって加

図1-56 STEEL（YXR7）板厚30mmをワイヤ加工した加工面

工物の表面は融解・凝固を繰り返しています。このため、加工条件次第では加工物表面に微小なクラックを発生することがあります。クラックは放電パルス幅が短いほど発生しにくいことが知られており、ワイヤ放電加工では、放ピーク電流値は高いにもかかわらずパルス幅が極めて短いため、加工面のクラックは形彫り放電加工と比較して発生しにくくなっています（図1-58）。

特殊工具鋼や高炭素工具鋼など硬度の高い材料では、ワイヤ放電加工時に加工物に割れが発生する場合があります。これは加工物表面の残留応力によるものと考えられます。対策としては、サブゼロ処理や加工物表面の残留応力を十分に除去した後に加工します。

図1-57 焼き入れ、焼き戻し材のワイヤ放電加工面性状の例

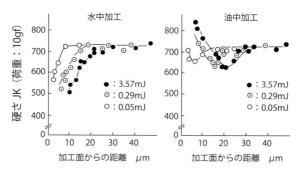

出所：増井清徳 研究論文「金型鋼のワイヤ放電加工面性状とその高品位に関する研究」
SKD11 φ0.2 真鍮ワイヤ 0.05mJ：Rmax2μm

図1-58 微小クラックとクラックレス加工

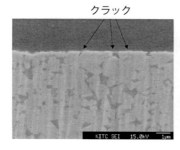

要点 ノート

ワイヤ放電による加工面質は、油加工液での硬化層に対して水加工液では軟化層が生成されます。また、クラックが発生しやすい材質での加工では、残留応力を低減する対策が有効です。

【4】 ワイヤ放電特有の加工性能

水加工液における錆の発生原理と抑制技術

　「加工液」の項（44ページ）でも述べましたが、水の加工液は加工速度が速く、加工表面にクラックが生じにくいなどの利点を持つ反面、電解腐食や加工物表面への錆の発生の問題があります。また、超硬合金材ではバインダであるコバルトの溶出が問題となります。

❶無電解電源

　両極性回路は、ワイヤ放電加工機で一般的に使用される電気的防食技術です（図1-59）。加工物から加工液内へ加工物の金属イオンが放出されて加工物が電解腐食されないように、加工物とワイヤ電極間に正極・負極の電圧パルスを交互に発生させることで、加工の平均電圧がゼロとなるように電位を調整します。

　また、極間に犠牲電極と呼ばれる亜鉛などの板を設置して、電位をかけておくことにより加工物の腐食を防止する方法があります。

❷加工物表面の不活性化

　このほか、加工液に添加剤を投入して金属錯体を生成したり、鉄系の加工物では亜硝酸イオンを加工液内に放出するようにしたり、超硬合金系の加工物ではイオンバランスを一定に調整したりするなどにより、加工物表面を不活性化することで防食する技術も多数開発されています（図1-60）。

❸異種金属接触腐食

　異なる金属同士が接する場合、イオン化傾向の大きい金属と小さい金属が接している部分に水が触れることで、イオン化傾向の大きい方が陽極に、小さい方が陰極となって電流が流れ、陽極となる金属が集中的に腐食する異種金属接触腐食と呼ばれる現象があります。加工物が鉄の場合、真鍮のワイヤ電極の成分である銅よりイオン化傾向が大きいため、加工チップが加工物に付着すると腐食が進行します。研削面と比較して、ワイヤ放電加工済の面には加工チップが残留していることが多いため、これらの物質が加工物加工面に付着しやすくなっています。加工後、水中に長時間放置した場合には、ここを起点に腐食が発生することがあります。

　治具と加工物間や、治具と治具押さえ間など、金属の接触面に沿って発生する錆も異種金属接合および隙間腐食の相互作用によって生じるものです。抑制

第1章 放電加工の基礎知識

図 1-59 | 腐食の原理と両極性回路

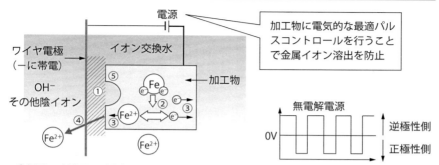

①極間に直流電圧が印加
②電子が分離しやすい状態になる
③陽イオン（Fe2+）がワイヤ電極側に、電子（e⁻）が電側に引き寄せられる
④不安定な状態になった Fe2+は、ワイヤ電極やイオン交換水中の OH⁻を主とする陰イオンなどに誘導され加工物表面から溶出
⑤加工物表面に腐食（電食）が発生

図 1-60 | コバルト流出と抑制効果　添加剤 ANCS 使用の場合

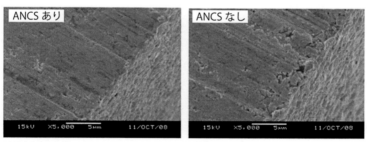

WC(G5)T=10mm　Rz0.9μm　7h30min加工

の方法としては、加工物と同一材質の治具でのクランプや、加工物に堆積した加工チップの除去および隙間や段差をなくす対策などがあります。

要点 ノート

水加工液でのワイヤ放電加工の場合、錆や超硬合金の抗析力低下が課題ですが、無電解回路や犠牲電極法、不活性化対策などの防食・防錆技術が開発されています。また、異種金属接触腐食への対応策も有効です。

⟨4⟩ ワイヤ放電特有の加工性能

ワイヤ放電加工の工程概要

❶事前確認事項

　放電現象を使ったワイヤ放電加工ですが、実加工を行うには事前に加工内容を把握し、工程計画を立ててから加工を行います。加工前に以下の内容を確認しておきましょう。

　　○加工物材質（鋼、超硬合金、アルミなど）
　　○加工物板厚（板厚一定、加工場所で厚みが変化する）
　　○加工物の取り付け方法（加工物取付台に直接取り付け、バイスクランプなど）
　　○ワイヤ電極径（指示なき場合は、加工物の厚みや最小インコーナRなどで判断）
　　○ワイヤ電極材質（ワイヤ径、面粗さや速度などの要求で選定）
　　○加工形状（パンチ、ダイ、ひずみや噴流のかかり、公差など）
　　○面粗さ（Rz、Raなど）※Rz、Raは面粗さの規格
　　○位置決め基準（穴中心、コーナ基準など）
　　必要な情報が揃ったら工程計画を立てます。

❷基本工程

①図面指示から加工プログラム作成

　加工プログラムを作成することで、不足情報などのチェックができます（図1-61）。オフセット干渉のチェックでワイヤ電極径が適切か判断します。また、加工周長やワイヤ電極径、加工物材質などから加工時間を予測します。

②加工物のセッティング

　外段取りを利用することで、機械の稼働率を上げることができます。

③噴流ノズルと加工物間隙の調整（Z高さ調整）

　荒加工および仕上げ加工の流量チェックも行います。

④位置決め

　位置決め部は綺麗に清掃しましょう（図1-62）。

⑤加工

　寸法測定後、必要があれば追加工を行います（図1-63）。

第1章 放電加工の基礎知識

図 1-61 自動プログラミング機能画面

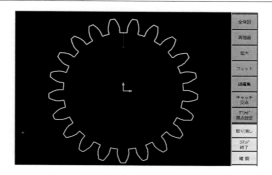

図 1-62 段取り－コードレス位置決め操作画面

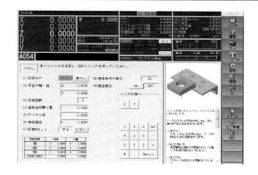

図 1-63 ワイヤ放電加工－実加工中

要点 ノート

ワイヤ放電加工機は NC コードや NC プログラムを覚えなくても操作できるようになってきていますが、NC コードや NC プログラムを扱えると応用操作が行えるようになります。

〈5〉放電加工における段取りの基礎

段取りの流れと具体例

❶段取りとは

　段取りは日常生活や仕事などにおいて、物事の順序や方法を意味しており、多くの方々が日頃から大切であることを実感されているでしょう。ここでは、製造現場における段取りについて具体例を挙げて解説します。日本工業規格（JIS B3000：2010 FA－用語）では、段取りを**表1-11**のように定義しています。

❷一般的な作業の流れ

①加工内容の確認（図面、図形データなど）

②工程計画（設備、技能技術水準、案件ごとの日程調整）

③必要な道具・機械設備の準備（治具の有無、保全状況、NCプログラム：**図1-64**）

④加工物を機械設備へセッティング（加工物、電極、工具刃物などのセット、位置決め：**図1-65**）

⑤加工

⑥加工品の取り出し

⑦検査・測定（合格は⑧へ、不合格の場合は④へ）

⑧後片付け。次の製作への備え。

　上記の①〜④が一般に段取りと呼ばれる部分で、工程ごとに見ると段取りが多くの割合を占めていることがわかります。⑥や⑧など加工後の工程にも必要で、次の加工の準備として段取りに含めると、加工以外の作業はほとんどが段取りと言えます。

　形彫り・ワイヤ放電加工の場合、各工程に必要な様々な作業用品や測定機材は独特です。形彫り放電加工における電極と加工物の隙間を確認する小型のペンライト、ワイヤ放電加工における加工物の裏側を確認する手鏡やワイヤ電極先端カット用ハサミなどがそれに相当します。これらの機材は、いつでもすぐ扱えるよう、また、同じような機能をいつでも再現できるよう、日頃からのメンテナンスが欠かせません。

　また、検査における合格・不合格時の工程短縮を目的に、**図1-66**、**1-67**に示すような機上測定を活用した段取りの高度化が進展しています。

第1章 放電加工の基礎知識

表 1-11 | 段取りの定義

段取	作業開始前の材料、機械、治工具、図面などの準備及び試し加工。
	備考 段取は、機械又はラインを停止しないで行う外段取と、機械又はラインを停止して行う内段取に大別される。また、10分未満の内段取をシングル段取という。

図 1-64 | 作業用品、測定機材などの準備

図 1-65 | 加工物セッティング
－ワイヤ放電加工の場合

図 1-66 | 機上でのピンゲージ測定の場合

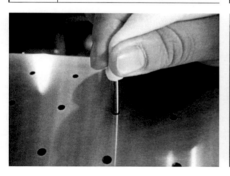

図 1-67 | 機上でのタッチプローブ測定の場合

要点 ノート

一般的な作業の流れの中で、段取りは多くの工程と時間を要します。数マイクロメートル級の加工精度を狙うには、全工程を慎重に進めることが求められます。放電加工特有の知見や作業用品・測定機材が必要です。

5 放電加工における段取りの基礎

段取りの重要性

モノづくりの現場では、指針のひとつとしてQCDがあります。安定した品質（Quality）の品を、納期（Delivery）を守り、費用（Cost）を抑えて製作するという意味合いですが、その指針を満たすために段取りは重要な役割を担っています（**図1-68**）。

❶製作計画

製作品を把握し、人・機械設備の能力を考慮した製作計画は、費用の抑制をしつつも要求品質を満たしたモノを、納期内に製作することに貢献できる大変重要な段取りです。考察をしっかり行っていないと、製作途中で考え込む可能性があり、作業が滞る恐れがあります。

❷事前準備

機械設備が稼働中でも、できる段取りはあります。製作手順の確認、必要な道具（工具・治具など）の確保や加工プログラムの作成など事前に準備しておくことで、いつでも作業に取り掛かれるようになり、作業の切り目の時間ロスを最小限に抑えられます。

❸加工物セッティング

機械への加工物セッティングは品質向上の重要な段取りです。主に固定、傾き調整、位置決めになりますが、1つでも疎かにすると狙い通りの製品ができません。正確な加工を行うには正確なセッティングが必要です。

❹後段取り

製作したものの品質が満たされていることを確認するために行う測定も、重要な段取りになります。使用した機械は後片付けをして次の稼働に備えることで、時間のロスを回避できます。

❺ムダの削減・整理整頓

段取りのムダの削減も効果があります。簡単にできるものとして整理・整頓を実施し、道具などを探す時間をなくすというようなことが挙げられます。道具の姿置きなどが有効です（**図1-69**）。

❻安全確保

段取りの方法や行う場所の安全確保も、良い段取りを行うには欠かせませ

第 1 章　放電加工の基礎知識

図 1-68　QCD を満たす段取り

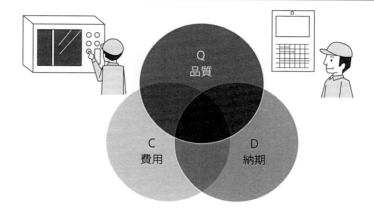

図 1-69　道具姿置き

ん。ヒヤリハットという言葉がありますが、これは重大な災害や事故には至らないものの、直結してもおかしくない一歩手前の事例を指しています。段取り中でも突発的な事象やミスにヒヤリとしたり、ハッとしたりする場面が多数あると、機械破損やケガにつながる恐れがあります。

また作業の中断と混乱にもつながり、納期にも悪影響を及ぼしかねません。材料を素手で扱ってケガをすることもあり得るため、作業者の身を守る観点からも安全確保は大切です。

要点 ノート

段取りをしっかり計画し、ムダを削減した事前準備は QCD の向上につながります。良い段取りは製作途中の考え込みを予防でき、作業の切れ目を最小限に抑えることが可能なため、仕事の整流化が実現します。

5 放電加工における段取りの基礎

内段取りと外段取り

　機械に携わる段取りには、機械またはラインを停止して行う（加工物のセッティング、位置設定など）内段取りと、機械またはラインを停止しないで行う（道具の準備、プログラム作成など）外段取りに大別されます。製作する数を増やすには、機械設備をより長く稼働させることが必要になるため、停止しないで行える外段取りの活用が有効的です。

❶内段取りの基礎と重要性

　内段取りで行う作業は主に機械準備、加工物のセッティング、加工物の位置決めがあります。ワイヤ放電加工機の内段取りの様子を**図1-70**に示します。

　機械準備は、製作するものの要求精度に見合った機械軸のメンテナンス、調整、使う工具（刃物など）の準備を行います。どんなに良い段取りをしても機械の状態が良くなければ品質の良いモノはできません。加工物のセッティングは、治具などを使用して機械に加工物を固定し、傾きの確認・調整を行います。加工物の固定をしっかりしないと、傾きの調整が困難になったり加工中に加工物が動いたりと品質の低下を招きます。

　加工物の位置決めは、固定した加工物が機械のどの場所にあるか測定を行い、基準位置を決める作業になります。基準がずれていると、狙った所とは別の箇所に加工するような不具合が発生します。内段取り中は機械を止めるものの、良いモノを製作するためには重要な段取りと言えます。

❷外段取り

　機械をより長く稼働させる方法のひとつに、内段取りの傾き調整を外段取りに移行するというものがあります。この方法は、作業時間自体の変化はありませんが、機械の稼働中に前倒しで行うことで機械稼働時間を増やすことができます（**図1-71**）。加工物の傾きを調整する作業を外段取りに移行するには、機械の外で機上と同じように固定ができ、軸が動かせる環境を治具などで再現します。市販されているものでは、プリセットステーションと呼ばれる機上の状態を再現した治具のセットも存在しています。

❸段取りにおける自動化

　各製造現場に合った産業用ロボットやソフトウェアを取り入れ、段取り作業

図 1-70 内段取りで行えること

軸の調整

加工物のセッティング

位置の設定

図 1-71 内・外段取りと機械稼働時間

内段取り：機械稼働 → 後段取り｜加工物セッティング｜位置設定

外段取り：機械稼働 → 位置設定｜後段取り → 機械稼働 → 外段取りで稼働時間増加
　　　　　加工物セッティング

のすべてまたは一部を自動化することにより、生産性および作業性の効率化を図ることができます。
　○工具の交換や工具長の測定
　○加工物のセッティング、仕上がり品の取り出し
　○位置決め、加工基準面出し
　○対話形式によるプログラム作成
　○自動中子処理装置機能
　○人的要因により発生するリスクや誤差の最小化
　○工程スケジュール機能を用いた加工優先順位の変更　など

　有効な自動化を構築するためには、「何を自動化」にするべきか、精度や加工時間、生産個数など「求める目標値」はどの程度か、仕上がり品の測定や加工結果データの「処理・保管方法」をどうするかなど密な計画が肝になります。

要点ノート

内段取り作業を外段取りに移行することで機械停止時間を短くでき、周辺機器を組み合わせた外段取りのシステム化でさらに改善ができます。自動化は費用がかかりますが、目標を明確にすれば大きな効果が期待できます。

5 放電加工における段取りの基礎

段取りと3S/5S

❶3Sと5S

3Sとは「整理」「整頓」「清掃」を示し、5Sとは3Sを標準化することが「清潔」な状態の維持につながり、習慣化すると「しつけ」になる状態を意味しています。通常は5S活動と呼ばれています。

5S活動を徹底し継続していくことで、職場全体の良好な環境を作り上げることができ、効率の良い段取りが生まれるきっかけにもなります（図1-72）。

❷製造現場における5S活動

「整理」「整頓」「清掃」「清潔」「しつけ」の意味を、製造現場に合わせて1つひとつ考えてみましょう。

①整理

必要なモノと不要なモノを仕分け、不要なモノを捨てることです。一定期間を設定し、設定期間を経過したモノに関しては処分する、あるいは処理方法を決めておく、不要なモノが増えないような体制を作っておきます。

→図面、資料、プログラムのデータ、中子や半端な材料など

②整頓

必要なモノを必要なときに、誰でも取り出せるように秩序立てて配置すること。共用部材は共用エリア内かつ決められた場所でわかりやすく、使いやすく保管・管理をします。個数や使用者の把握には、一覧表・名簿などを利用します。

→治具、工具、試験加工用材料など

③清掃

現場や身の回りにゴミや汚れがない綺麗な状態にすること。一般ゴミだけでなく、産業廃棄物を取り扱っているところも多いことから、環境保全のためにもゴミの分別・処理に徹底することが必要です。清掃に関する場所や時間、方法、担当者などルールを定めることで、維持できる環境体制を構築します。機械だけでなく、デスクなども綺麗な状態を保つ

第 1 章　放電加工の基礎知識

図 1-72　良好な職場環境は良い加工の原点

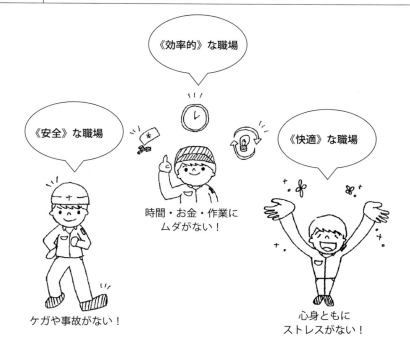

ことで作業効率も上がります。
④清潔
　「整理」「整頓」「清掃」が維持されている状態のこと。1人当たりの負担を減らし、継続的に維持できるよう、集団で管理すべき部分と個人で管理すべき部分を分けます。
⑤しつけ
　現場のルールや規律を守り、習慣づけること。習慣づけることで実行できていないことがあれば、それが"違和感"という気づきになり、改善方向に働きかけるようになります。

要点　ノート

段取り内容は現場により異なるため、その現場の段取りに適した 5S 活動を取り入れることが肝心です。現場に携わる人たち全員で 5S 活動について話し合い実践していくことで、より良い職場環境を作り上げることができるでしょう。

5 放電加工における段取りの基礎

保全の分類と重要性

　機械設備が良好な状態でなければ、稼働中に停止し、同じモノを製作しても再現性がないなど段取りに時間がかかります。そうならないためには、普段からきちんと点検や修理を行うことが大事です。機械設備も定期的に点検・修理を行うことで長く安全に使い続けられ、稼働中のトラブル防止や製作の再現性確保もできるようになります。そのような仕事を設備保全と言います。保全はいくつかの種類に分類できます（図1-73）。

❶事後保全（BM）

　機械設備が使用中に故障し、故障した時点で点検・修理を行うことを事後保全と言います。Breakdown Maintenanceを略してBMと呼んでいます。故障とは、機械設備を構成するシステムや要素（部品）が規定の性能を失う、または低下することです。事後保全は、故障の内容によって
は機械停止時間が長くなり、生産性低下や計画の練り直しの可能性が出てくるため、生産数が少ない機械設備や影響度が低いものに対して行う保全になります。

❷予防保全（PM）

　機械設備の故障が発生する前に、計画的に行う保全を予防保全と言います。Preventive Maintenanceを略してPMとも呼びます。予防保全は予期していないトラブル軽減、機械停止時間の最短化、機械設備の延命化が図れ、生産品の安定供給ができます。予防保全には大きく2つの基
準があります。過去のデータをもとに周期を決め、その周期に従って定期的に行う時間基準保全（Time Based Maintenance：TBM）と、劣化傾向を管理し、劣化具合に応じて行う状態基準保全（Condition Based Maintenance：CBM）があります。

| 図 1-73 | 保全方式の分類 |

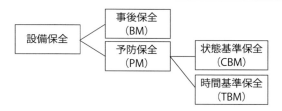

①時間基準保全（TBM）

　機械設備の状態ではなく、1週間、1カ月、1年と周期を決めて行う保全になります。あらかじめ点検する日時・部品を決められるため、長期の機械停止を防ぎ生産計画への影響を抑えることができるほか、機械設備の故障も少なくなり、信頼性の高い状態を保つことが可能です。ただし、時間基準保全は保全周期の見極めを誤ると、まだ正常な部品までも交換するという過剰保全が発生し、部品費用や保全作業費用が増加します。また交換頻度が増えると、交換に伴う初期不良によるトラブルにも注意が必要です。

②状態基準保全（CBM）

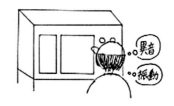

　機械設備に異常の兆候（予兆）を発見した場合に行う保全のことを指します。時間基準保全に比べて機械が故障するリスクは高い一方で、不要な点検や部品交換などが発生しないことから部品費用や作業費用が小さく済み、初期故障の誘発も防げます。異常の兆候（予兆）を発見するには、機械設備の定期的な監視・測定・分析による劣化傾向の把握、管理が大事です。今後は機械自体にセンサを取り付けて、温度や振動などの状態をデータとして見られるようになることが期待されます。

③保全活動の進め方

　機械設備の生産性・重要度、保全にかかる費用などを考え、最適な保全の実施により費用と作業性のバランスを保つことが可能になります。また、保全活動をしていくには機械設備の作業内容を知り、機械の動作方法、構造を理解しておくことが必要です。

要点ノート

機械設備を良好な状態に保つことで、停止を防ぎ、製作の再現性を確保できます。保全には様々な取り組み方がありますが、機械設備に最適な方法を選択することで、信頼を確保したムダのない保全が得られます。

コラム

● 人類と道具 ●

　人類の定義のひとつに、「道具を使う動物」と聞いたことがあります。機械は、まさに道具の象徴的存在です。ある文献によれば、人類と機械の歴史は有史前に遡り、紀元前600年ごろにドイツ・バイエルン地方で旋盤加工による木製のお椀が発掘されていることがルーツだそうです。機械は、生活様式の変遷や産業構造の大きな変革に伴い、高機能化・高性能化の進化を遂げ、暮らしや文化を支える様々なモノを創造する"母＝マザー"としての地位を確立してきました。

　放電加工の歴史を語る前に、まず、電気の発見があります。1752年、アメリカのベンジャミン・フランクリンが、稲妻が放電現象であることを発見してから約200年後、旧ソ連のラザレンコ博士がアーク放電を利用した加工法を考案したのが1943年、第2次世界大戦中の出来事でした。ロケットランチャーの発射スイッチの接点が消耗する現象の対策を思案しているときに、放電による加工法を思いついたと言われています。それから11年後の1954年に、日本初の国産放電加工機が誕生しました。

　切削を原理とする工作機械が、2000年超の歴史を有していることに対して、放電加工はまだ100年にも満たない状況です。放電現象を原理とする加工法ゆえに、電気・電子機器の急速な発達とIT関連の革新的拡がりの中、驚異的なスピードでその性能アップを積み重ねています。

　工作機械全体に対して放電加工機はニッチな存在ですが、この道具の特徴を習得し上手に使いこなすことは、多彩な加工工程構築に有益であり、ソリューション提案のレベルアップに役立つはずです。

【 第**2**章 】

形彫り放電の
段取り・加工・メンテナンス

【1 形彫り放電における加工・段取り検討

形彫り放電加工の準備から
段取りまで

❶形彫り放電加工までの流れ

　形彫り放電加工は、主に銅やグラファイトなどの電極を用いて、加工物に電極形状を転写させる加工方法です。実加工スタートまでの段取り作業には、外段取りと言われる機外での準備作業と、内段取りと言われる加工段取りがあります。一般に"段取り八分"と言われるように、どちらの作業も実加工時の加工効率や加工精度に大きく影響する重要な作業です（**図2-1**）。

❷加工内容確認

　製品図面やサンプル品などから製品形状（全体の大きさ、コーナRの大きさアンダーカットの有無など）、加工精度、加工面粗さ、基準面の位置などを確認します。

❸電極や加工物の固定方法検討

　加工物および電極の形状や大きさに合わせて、最適な加工方法を検討しますが、同時に電極や加工物の固定方法検討も重要な作業になります。放電加工法は、電極と加工物間での放電現象を利用した非接触加工であるため、加工負荷はとても小さいと思われがちです。しかし、電極形状が複雑な場合や大形状の場合には、放電加工中のジャンプ動作時に電極と加工物の間で負圧が発生することがあり、その影響で電極や加工物の固定が不十分な場合は加工中に位置ずれを起こし、加工不良を招くことがあるためしっかりした固定方法を検討しましょう。

　1形状だけの電極であれば、種々の固定治具（電極ホルダ）が市販され、容易に利用できるため固定方法はそれほど注意する必要はありません。一方で、電極交換時間の短縮など加工効率を考慮した複数形状一体電極や、同一電極ベースに同一形状をピッチ送りで加工された電極、あるいは形状が複雑でそれ自体に液処理用穴が施されている電極などの場合は、電極重心位置での固定検討や固定時に電極噴流穴がふさがらないような固定方法の検討が必要です。

　加工物の固定方法は、小物であれば直接マグネットベースに固定したり、専用治具やバイスなどに固定した後マグネットベースに固定したりします。また、加工物が大きくなるとXYテーブル上に直接固定します。さらに加工効率

第2章 形彫り放電の段取り・加工・メンテナンス

図2-1 | 準備作業から加工スタートまでの流れ

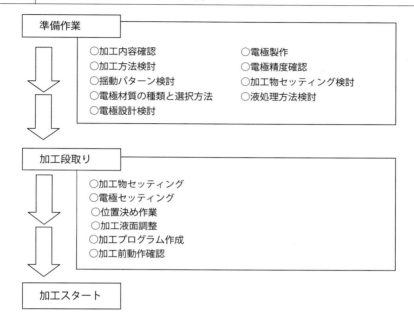

を考慮して、複数個の加工物を一度に固定する場合もあります。加工物を複数個固定したり大きい加工物を固定したりする場合には、効率を考慮して複数箇所への通電を検討します。また、固定位置は主にXYテーブル中央付近ですが、加工機の軸ストローク、加工物の基準位置、電極形状、位置決め作業方法などを考慮して最終的な固定位置を決定します。

　放電加工特有の検討事項として、最大懸垂質量を考慮した電極固定（取付）検討と、電極取付面からテーブル上面までの距離を考慮した加工物の固定方法検討があります。最大懸垂質量は電極設計時にも考慮が必要ですが、電極固定時に専用ホルダや治具を使用する場合にも考慮します。電極取付面からテーブル上面までの距離は通常、放電加工機の仕様書に記載されており、電極長さや加工物厚みおよび加工深さなどを考慮して、状況に応じて加工物をテーブル上面から嵩上げして固定するかを検討します。

要点 ノート

形彫り放電加工における加工前の準備作業から加工段取りまでの流れでは、特徴的な作業があります。準備作業はその後の効率に大きな影響を与えるため、熟慮して行いましょう。

❲1❳ 形彫り放電における加工・段取り検討

形状パターン別加工方法検討

　電極や加工物の形状を検討する際は、その電極で加工物のどの部分をどのような方法で加工するのが最適かを考えます。加工方法が決まると、具体的な電極や加工物の設計・製作、電極と加工物のセッティング、位置決め作業、加工プログラム作成、加工スタートと工程が進行していきます。

　現在、放電加工機のNC電源装置には、様々な加工ニーズに対応する加工形状や仕上げ加工工程などに、標準で対応した自動加工プログラム作成支援アプリが内蔵されています。それを利用することにより、最適な加工条件抽出と加工プログラム作成が簡単な操作でできます。加工方法の検討は、この加工支援アプリの操作画面中にある形状パターンに合わせて行うことにより、後々のプログラム作成工程でもスムーズに作業することが可能です。

　以下に、代表的な形状パターンとその加工方法を説明します。

❶標準形状

　標準形状の代表的パターンを**表2-1**に示します。

表2-1 電極の標準形状パターン

パターン名	アイコン	特徴
①柱・底付き		○他の加工形状に当てはまらない底付き加工に使用 ○底面と側面を仕上げる
②柱・抜き		○抜き加工に使用 ○側面のみを仕上げる ○タップ加工（Ｚロック加工）などに使用
③リブ		○柱・底付きに比べて、速度重視の加工条件 ○リブの厚みが十分で消耗を抑えたい場合は柱・底付きを推奨
④コアピン		○小形で電極消耗を重視する場合に使用 ○コーナエッジが必要な場合に使用 ○コアピン加工に適する

第2章 形彫り放電の段取り・加工・メンテナンス

❷立体形状

立体形状の代表的パターンを**表2-2**に示します。

表2-2 | 電極の立体形状パターン

パターン名	アイコン	特徴
①球・3次元		○3次元減寸された電極に使用 ○最終深さでは揺動を行わない
②錐		○先の尖った形状に使用 ○最終深さでは揺動を行わない
③くさび		○錐形状が4面傾斜なのに対し、くさび形状は2面に傾斜がついている電極に使用
④テーパ		○加工開始時と終了時とで揺動の大きさが異なる ○ステップ補正の入力が必要

❸特殊形状

特殊形状の代表的パターンを**表2-3**に示します。

表2-3 | 電極の特殊形状パターン

パターン名	アイコン	特徴
①押し出し型		○サッシ型など底面のみを仕上げる加工に使用 ○側面のオフセットは1/2
②ICパッケージ		○ICパッケージ型の加工に使用 ○一度に複数穴を加工する場合に使用
③ヘリカル		○ZU軸を同期させたヘリカル加工に使用

要点 ノート

製品に準じて、形彫り放電加工における電極と加工物がオリジナルでデザインされます。このデザインをもとに類似の加工パターンを選択し、その後の準備を進めます。

79

〈1 形彫り放電における加工・段取り検討

電極の材料選択と設計検討

❶電極材質の種類と選択方法

　加工物の材質や放電面積によって、電極を使い分けることが求められます。どのような電極材質を選択するかで加工の善し悪しが左右されるからです。形彫り放電加工においてよく使われる電気銅（Cu）、グラファイト（Gr）、銅タングステン、銀タングステンの特徴を表2-4に示します。

❷電極設計検討

　形彫り放電は非接触で加工するため、加工中の電極と加工物の間には放電ギャップが存在します。そのため、放電量を見越して電極を小さく製作することが必要で、この小さくする量を「電極減寸量」と呼んでいます。

　電極減寸には、2次元減寸（平面減寸）と3次元減寸という2通りの方式があります（図2-2）。そのため、実際にNCプログラムを作成するときは、電極がどちらの減寸方式で製作されているかを確認することが必要です。

　形彫り放電加工において、電極を複数本使って荒加工から仕上げ加工まで行うことがあります。荒加工とは、加工開始から仕上げ代を残して形状の大部分を除去するための加工領域になります。大面積の加工ではGr電極を用い、電

表2-4 電極材料の種類と特徴

材質	用途	特長
電気銅：Cu	中・小面積の加工 □15mm以下※	○無消耗加工ができる ○鏡面加工ができる
グラファイト：Gr	大・中面積の加工 □80mm以下※	○耐熱性に優れ、大電流加工による消耗が抑えられる ○加工速度が速い ○比重が銅に比べて小さいため、主軸の負荷が軽減する ○切削性に優れている
銅タングステン：CuW 銀タングステン：AgW	微細加工 超硬合金の加工	○剛性が高い ○有消耗条件でも他の材質に比べて消耗が少ない

※数値は目安

極消耗を抑えて高速加工が可能です。一方、仕上げ加工とは、**図2-3**に示すように最終面粗さを得るための工程で、面積の大きな加工物ではRz10〜20 μmの面粗さで十分な場合があります。微細な精密プラスチック金型では、Rz1 μm以下の加工面が要求される場合もあり、いずれにせよ要求される面粗さに応じて、電極本数を使い分けることが重要です（**表2-5**）。

図2-2 | 電極減寸の方法

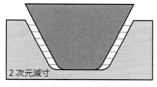
2次元減寸
側面方向のみ減寸させる

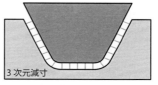
3次元減寸
3次元的に減寸させる

図2-3 | 加工工程と面粗さの関係（イメージ）

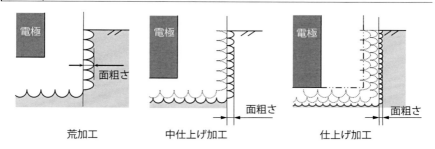

荒加工　　中仕上げ加工　　仕上げ加工

表2-5 | 電極減寸量設定の目安

電極寸法 □mm	電極面積 mm²	限界減寸量 mm/side	電極寸法 □mm	電極面積 mm²	限界減寸量 mm/side
1	1	0.08	10	100	0.4
2	4	0.1	20	400	0.5
3	9	0.15	30	900	0.7
4	15	0.2	50	2,500	0.9
5	25	0.2	100	10,000	1.3
7	49	0.3	—	—	—

要点 ノート

電極の材料には、切削性・通電性・コストが良好なことを理由に、銅が多く用いられます。電極設計時、材質のほかにも放電ギャップ分小さめに製作する減寸量や消耗に配慮した使用本数などについて考慮する必要があります。

1 形彫り放電における加工・段取り検討

電極製作の方法と仕上がり確認

❶電極製作法

　形彫り放電加工用電極の製作には、図2-4に示す各種方法があります。マシニングセンタによるGr電極の加工例を図2-5に示します。3次元形状では、ほとんどが機械切削加工で製作されます。

　ワイヤ放電による微細リブ電極製作の加工例を図2-6に示します。2次元形状の電極製作には、ワイヤ放電加工が使われる場合があります。微細形状寸法の電極では機械加工ができない場合があるためです。

　鍛造型で冷間鍛造されたCu電極と、それによる加工例を図2-7に示しま

| 図 2-4 | 電極製作方法 |

```
                    ┌── 機械加工
         ┌── 除去加工 ┼── ワイヤ放電加工
         │          ├── 放電成形
放電加工電極 ┤          └── 2次電極法
         │          ┌── 冷間鍛造
         └── 成形加工 ┼── コイニング
                    └── 電鋳
```

| 図 2-5 | マシニングセンタによる電極加工例 |

| 図 2-6 | ワイヤ放電加工による微細リブ電極加工例 |

板厚：0.5mm
ワイヤ径：φ0.02mm
使用機種：EXC100L

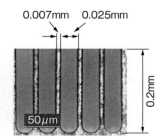

す。また**図2-8**は、電鋳法によって作られた電鋳電極と樹脂金型の加工例になります。電鋳法は**図2-9**に示すように、電鋳槽の中に電極マスターとCu電極を対峙させ、電解液中で電気化学的に電極を成形する方法です。

マスターとなる電極は一般に樹脂などの絶縁物であるため、硝酸銀溶液中で銀鏡反応を利用して電極表面に導電処理を施して使用されます。さらに、ひずみや変形が起きないよう樹脂で補強対策を施して使用されます。電鋳電極法では、マスターに対して転写精度に優れた電極が得られます。

❷電極精度確認

形彫り放電加工は形状電極を転写させる加工方法です。そのため、電極精度が加工精度に大きく影響します。製作された電極が、狙い寸法に対して正確に減寸されているかが重要になります。その他に、電極にバリや打痕がないかなどの確認も必要です。電極バリがあると、位置決め精度に影響が出るからです。

| 図 2-7 | 冷間鍛造による電極とダイの加工例 | 図 2-8 | 電鋳電極と樹脂金型の加工例 |

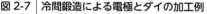

| 図 2-9 | 電鋳電極の製作方法 |

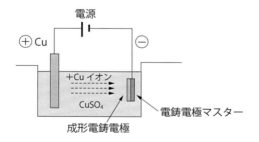

要点 ノート

形彫り放電加工の電極製作には様々な方法がありますが、現在、加工速度と加工効率に優れたマシニングセンタによる方法が主流です。電気が流れれば何でも電極になる特性を利用した製作法もユニークです。

〈1 形彫り放電における加工・段取り検討

揺動（ローラン）の役割と
パターン別の特徴

❶揺動（ローラン）の効果
　加工送り方向に対して、側面方向の寄せ加工を行う機能を揺動（ローラン）と言い、以下の効果があります。
　　○側面方向の面粗さ改善～形状精度向上
　　○側面方向電極消耗改善～加工時間短縮、形状精度向上
　　○加工チップの排出促進～加工状態の安定、加工時間短縮
　　○寸法調整
　なお、加工形状に対して揺動パターンの選択が適切ではない場合、加工形状が悪化することもあるため注意が必要です。ただし、NC電源装置に内蔵された自動加工プログラム作成支援アプリを使用して加工プログラムを作成する場合には、加工形状に適した揺動パターンを簡単に選択できます。
　図2-10は、平面形状の揺動パターンとして丸と正方形を選択した場合の、各電極形状に対する加工結果です。

❷最適な揺動パターン
①揺動形状には主に円、角、放射、正多角などがあり、最も多く使用されるのが円形および角形で、約80％の割合で使用される
②複雑形状の電極で3次元形状の場合は、揺動量が大きくなると加工形状が崩れるため、仕上げ電極を作成するときは減寸量を小さく設定する
③円揺動は電極の全周方向に対して均一に拡大することができ、角揺動はコーナ部のエッジを出すことが可能
④複雑な外形形状では円揺動を使用する。円揺動はコーナ部にRが発生するが、食い込みなどの形状障害は生じない。複雑な形状で形状障害を防ぐ必要がある場合には、円揺動しかない。ただし、直線形状が多い電極では、加工速度が低下しやすい傾向にある
⑤3次元形状では球揺動を使用する。底面形状部の食い込みなどの形状障害を避ける場合に用いる。ただし、平面形状が多い電極では加工速度が低下しやすい傾向にある
　代表的な加工進行方向の揺動パターンと用途を図2-11に紹介します。

第 2 章　形彫り放電の段取り・加工・メンテナンス

図 2-10　揺動：平面形状と電極形状の違いによる加工結果

揺動平面形状	○ 丸	○ 丸	○ 丸
加工結果	R1 R1＝減寸量	R1, R2 R2＝減寸量＋R1	R1, R2 R2＝減寸量＋R1
揺動平面形状	□ 正方形	□ 正方形	□ 正方形
加工結果	（正方形）	R1, R2 R1＝R2	C1, C2 C1＝C2

図 2-11　主な加工進行方向の揺動パターン

①フリー　　電極長さよりも深い加工を行う場合に使用

②HS　　電極長さよりも深い加工を行う場合に使用。側面を上から順次仕上げ寸法を確保する

③シンク　　一般的な加工に使用。側面と底面を同時に加工する

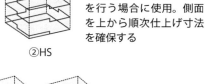

④同時3軸　底付形状／抜き形状　　コーナ加工に適する。減寸量の大きさに限らず、同様の良好な結果が得られる

> **要点ノート**
> 電極の下面方向への送りと、側面方向への寄せを効率良く同期させることで、3次元形状の精密加工が可能となります。寄せる方法＝揺動のパターンにより、仕上がる形状が異なります。

【1 形彫り放電における加工・段取り検討

液処理方法の形態と特徴

❶液処理の目的

　形彫り放電において、加工で発生した加工チップなどの導電性生成物や加工液の熱分解生成物などが放電ギャップに滞留および蓄積した状態になると、加工の進行が停止したり、異常放電が発生したりするなどして加工が不能になります。したがって、これらの生成物を速やかに排出し、放電ギャップの絶縁を維持して安定した放電を持続させる必要があります。このように形彫り放電加工における液処理の目的は、放電ギャップから不要な生成物を排出することです。

　液処理による効果としては、「加工の安定化」「加工時間の短縮」「加工寸法精度の向上」「面粗さの向上」「加工不良の防止」が挙げられます。液処理方法の種類を図2-12に示します。

❷液処理の形態

①電極噴流

　電極に設けられた噴流穴より加工液を流す方法です。効果的に放電ギャップの生成物を排出することができます。

②電極吸引

　放電ギャップの生成物は電極側から吸引排出されます。生成物は放電ギャップを通過しないため、ここでの2次放電が発生しません。したがって、テーパのない加工が可能になり、加工真直度が向上します。

③下穴噴流

　加工物に設けられた噴流穴によって、それを取り付けた噴流壺から加工液を噴流する方法です。下から上に向かって加工液を流すことにより、電極噴流と同様に放電ギャップの生成物を効果的に排出することができます。

④下穴吸引

　加工物に設けられた吸引穴によって、それを取り付けた吸引壺から加工液を吸引する方法です。電極吸引と同様に、加工側面での2次放電が発生しないため、加工真直度が向上します。

　しかし吸引位置や吸引力の強さによって、放電時に発生したガスが十分排出

図 2-12 液処理方法

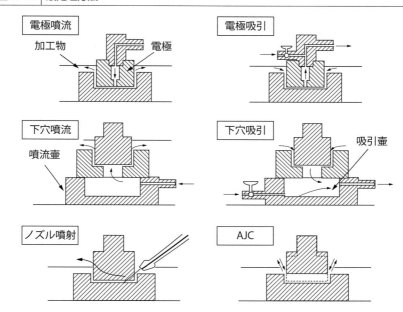

できずに吸引壺に残留すると、ガスに放電火花が引火して爆発を引き起こすことがあります。場合によっては、加工物の位置ずれが発生することもあるため、十分注意が必要です。

⑤ノズル噴射

　加工物の側面からノズル噴射する方法です。片側ノズル噴射の場合、加工チップが反対側に流れるため2次放電のムラが生じ、均一な液処理が困難です。そのため、両側面からノズル噴射を行う方法もあります。

⑥AJC

　電極ジャンプのみによる方法です。ポンピング作用によって生成物を排出します。規則的な電極の上下動作で生成物の排出が行われるため、加工が安定します。電極ジャンプによる加工チップの排出効果はジャンプの速度によって大きく左右され、速度が速い方が効果的です。

> **要点 ノート**
> 加工で発生した生成物を放電ギャップから迅速に排出することで、安定した加工が得られ、加工時間の短縮や加工精度の向上に有効です。加工状況に最適な液処理を用いることが重要ですが、逆効果になる場合があります。

1 形彫り放電における加工・段取り検討

特殊加工法—創成放電加工法

❶特徴
　創成放電加工法は、丸棒電極や角電極など単純形状の電極を用い、2次元もしくは3次元の形状を創成する方法です。IT関連製品や半導体関連製品の小型化・軽量化に伴い、金型も微細高精度化され小型化されることで小型電極の製作が必要となり、その製作に時間がかかります。一方、放電加工工程での放電時間はわずかとなり、工程全体に占める電極製作の割合が高くなります。

　これらの問題を解決するために、単純電極による創成放電加工法が見直されています。創成放電加工では市販の単純丸棒電極、または単純角電極を使用するため、電極製作工数が極端に少なくなります（**図2-13**）。

　創成放電加工法の利点としては、「電極製作コストの大幅削減」「形彫り放電加工トータルコストの削減」「金型の納期の短縮」が挙げられます。放電工数が増加する場合もあり、従来法対比でトータル的に納期短縮とコスト低減につながるかの見極めが必要です。

❷適用分野
　加工面積が□20 mm以上では、加工量が多くなるため従来の方が有利な場面が多くなりますが、それ以下の小物で電極製作が困難か、不利な形状部がある場合は創成放電加工を適用するメリットが浮上します。

❸電極材質と寸法
　加工物が鋼の加工ではCu電極でよく、超硬合金ではCuW電極が使用されま

図2-13 | 創成加工の例

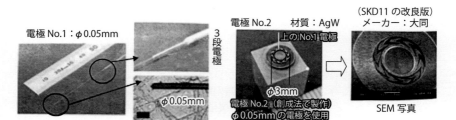

す。また、加工対象が小物に限られることから、電極寸法は丸電極では市販品のφ0.10〜3.0 mm、角電極では□1〜10 mmの範囲の電極が使用されます。

❹加工形態

創成加工で使用される加工条件は、通常の底付き加工と同様です。小径電極では加工効率を考慮し、低消耗から有消耗の範囲の加工条件を使用する場合が多いです。したがって、電極端面は消耗により寸法がマイナスするため、1回のみの加工では加工深さ精度が得られません。

加工深さ精度を確保する加工軌跡の形態として、①順方向仕上げ、②逆方向仕上げ、③消耗補正送り仕上げの主に3通りが挙げられます（図2-14）。

加工軌跡①・②では、加工軌跡を数回繰り返し加工することにより深さ精度を確保できます。③では、電極消耗を加味した同時2・3軸の加工送りを行いますが、正確な消耗量の見積もりが要求されます。しかし、電極消耗に関する変化要因が多く、正確に設定することが難しいです。

③の方法が採用できるのは、荒加工領域か寸法公差が大きい単純軌跡の場合です。また、電極は端面周辺の側面も消耗することから、電極形状を再生するには端面のドレッシングが欠かせません（図2-15、2-16）。ドレッシング用電極としてCuW、またはAgWが通常使用されます。

図2-14 | 主な加工軌跡の形態

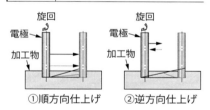
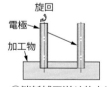

①順方向仕上げ　②逆方向仕上げ

③消耗補正送り仕上げ

図2-15 | 電極ドレッシングと原点補正

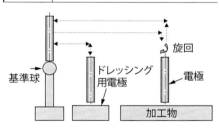

図2-16 | ドレッシングまでの流れ

加工 → 電極消耗計測 → ドレッシング → 原点設定

> **要点 ノート**
>
> 微細精密領域での高精度加工において、対応する電極製作が難しくなる傾向があります。その解決手段として単純形状の電極を使用し、2次元・3次元形状を創成する形彫り放電加工方法が注目されています。

2 形彫り放電における段取りのポイント

加工段取り①
加工物セッティング

❶必要な治工具の準備
　加工物の取り付けは、マグネットベースを使用することが一般的です（図2-17）。着磁しない超硬合金やアルミなどは図2-18に示すバイスを使用し、その他、噴流-吸引治具を使用する場合があります。取り付けに必要な治工具を準備し、加工物の材質に応じて使い分けることが必要です。

　加工中のジャンプ動作中に、電極と加工物には大きな力が発生します。この力は、放電面積が大きいほど、また放電ギャップが小さいほど大きな力になります。

　場合によっては、この力で加工物がずれたり、持ち上がったりするため、固定方法には十分な注意が必要です。

❷加工物固定のセッティングの流れ
　適切な治工具を選択した後に、以下の手順で加工物をセッティングします。
① 加工物取り付けの前に、マグネットベースおよび治具などに極間線のつなぎ忘れがないか、また極間線に傷がないか、固定ねじに緩みがないか確認をする（図2-19）
② マグネットベース上面・治具の掃除を行う。マグネット上面に傷などがあるときは、オイルストンなどを使用して事前に平らな面を出しておく。ダメージが大きい場合は、必要に応じて再研磨する
③ マグネットベースに加工物を置き、マグネットをONにする。加工物の上面でダイヤルゲージを使って平面を確認する（図2-20）

| 図2-17 | マグネットベース外観 |

| 図2-18 | バイス外観 |

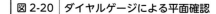

④加工物の平行を確認する。加工物の端と端でダイヤルゲージの振れがなくなるまで調整する（図2-21）

図2-19	極間線接続のつなぎ忘れ確認

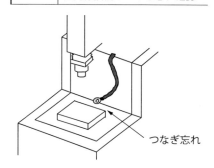

図2-20	ダイヤルゲージによる平面確認

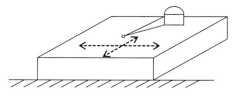

図2-21	ダイヤルゲージによる平行出し

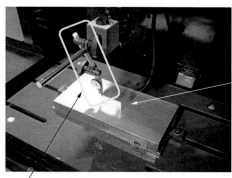

●マグネットの磁力を少し効かせて平行出しを行うと、微調整が容易

●絶縁性の棒（セラミックス製）を使用し、通電による機械停止を無効にする

要点 ノート

加工物の固定には、一般的にマグネットベースを使用します。材料や液処理方法によっては、他の固定方法を選択します。加工時に作用する外力で加工物がずれたり、持ち上がったりするため、固定方法には十分な注意が必要です。

❮2 形彫り放電における段取りのポイント

加工段取り②
電極セッティング

電極のセッティングには次のような方法があります。

❶ねじ込みシャンク

電極にねじ切り棒状のシャンクをねじ込みます（**図2-22**）。大型電極の固定には不向きです。回転方向に緩まないように、ワッシャなどのゆるみ止めを行います。また、グラファイトなどタップの弱い材質の場合には、ヘリサートの使用や接着剤などで補強固定を行います。

❷プレート型シャンク

着座面を広くとって複数のボルトで固定します（**図2-22**）。

❸バイス型シャンク（小物電極）

薄板状あるいは角型の電極を固定するために用います。市販の精密バイスにシャンクを取り付けたものもあります。

❹ドリルチャック、コレットチャック（丸棒電極）

丸棒を固定するために用います（**図2-23**）。

❺ユニバーサル型ホルダ

放電加工後はドリルチャックやコレットチャックがチップなどで汚れているため、きれいに清掃を行って保管します（**図2-24**）。電極およびシャンクは極力短くします。大型電極による加工は極力ユニバーサル型ホルダを使いません。また、電極をオーバーハングさせるなど、電極剛性が低くなるような取り付け方法は極力避けます。電極取り付け前に、加工ストロークが軸可動範囲以内か確認します。

ユニバーサル型ホルダでの電極倒れ出し・平行出しの調整方法は、以下の手順で進めます（**図2-25**）。

①電極正面の倒れの調整

調整ねじ③・④で倒れの調整を行います。

②電極側面の倒れの調整

調整ねじ⑤・⑥で倒れの調整を行います。

③電極回転方向の平行の調整

調整ねじ①・②で回転方向の調整を行います。

| 図 2-22 | シャンク外観 | | 図 2-23 | コレットチャック型ホルダ外観 |

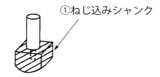
①ねじ込みシャンク

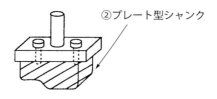
②プレート型シャンク

| 図 2-24 | ユニバーサル型ホルダ外観 | | 図 2-25 | ユニバーサル型ホルダの調整方法 |

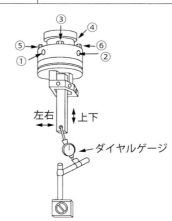

④最終確認

　①の手順から繰り返しチェックを行います。なお、調整ねじは均等に締め付けます。

> **要点ノート**
> 電極の取り付けにはいろいろな方法があります。電極姿勢を正規な状態に調整できるホルダを使用しますが、外力によるずれを防止する場合、着脱の繰り返し性に優れたホルダ・チャックシステムを利用するとよいでしょう。

> ## 《2 形彫り放電における段取りのポイント

簡単位置決め①
端面位置決めと外径心出し

　セッティングが終了した電極と加工物は、それぞれの位置関係が相対的にわかっていない状態です。そこで加工を行う前に、電極を加工物のどの位置に設置し、加工を行うかの位置決めが必要になります。使用する機械とNC電源装置によって具体的な操作手順に微妙な違いはありますが、ここではいくつかの位置決め方法を一例として紹介します。

❶端面位置決め

①電極を位置決め場所に移動する

②［段取り］→［コードレス］→［端面］を選択する

③「軸・方向」を入力し、［ENT］スイッチを押すと端面位置決めを実行する（**図2-26**）。端面位置決め終了後は、「接触感知戻り量」で設定した量だけ電極と加工物が離れる

④位置決め後に再度端面位置決めを行い、バラツキを確認する

❷外径心出し

①電極を加工物または基準球上面のほぼ中央に移動させる（**図2-27**）

②［段取り］→［コードレス］→［柱中心］を選択する

③「早送り量」に電極の移動量を入力する。このとき、電極がぶつからないような値を設定する（**図2-28**）。例えば、電極が□10 mmで基準球が5 mmの場合は、「早送り量X＋X－Y＋Y－」には電極と基準球の寸法を足した15 mmの半分、7.5 mmより大きい値で10 mm程度を入力する

④「測定回数」を設定する。最大3回まで入力が可能。加工物外周が円弧の場合は、測定回数を2回か3回に設定する

⑤「測定子の直径」には、測定子に基準球を使用している場合に基準球の寸法を入力する。ここで入力した値が「測定結果」の「測定物の直径」結果に反映される

⑥「Z軸接触感知」には、Z軸の接触感知をするか、しないかを設定する（**図2-29**）。「する」を選択したときには、Z軸の端面位置決め後にZ軸座標を0セットし、「Z軸接触感知戻り量」で設定した分だけ端面から戻る。「XY軸接触感知戻り量」は、XY軸の接触感知後の戻り量を設定する

第 2 章　形彫り放電の段取り・加工・メンテナンス

| 図 2-26 | 端面位置決め動作スケッチ、入力操作画面 |

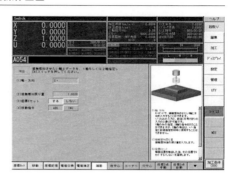

| 図 2-27 | 外径心出し動作スケッチ | | 図 2-28 | 外径心出し入力操作画面 |

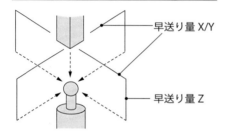
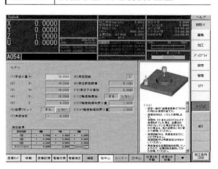

| 図 2-29 | 外径心出し各軸動作 |

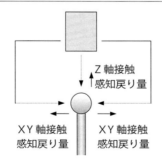

要点 ノート

セッティング後の電極と加工物は、相互の位置関係が相対的にわかっていません。電気信号の検出を利用し、電極と加工物が接触した位置を測定することで、両者の位置関係がわかり、加工位置への移動が可能となります。

【2 形彫り放電における段取りのポイント

簡単位置決め②
内径心出しと位置決めの注意点

❶内径心出し

①電極または基準球を内径のほぼ中央に移動させ、測定位置に高さを合わせる（**図2-30**）

②［段取り］→［コードレス］→［穴中心］を選択する（**図2-31**）

③「早送り量」に電極の移動量を入力する。このとき、電極がぶつからないような値を入力する。例えば、内径がφ15 mmの穴で基準球が5 mmの場合、「早送り量X＋X－Y＋Y－」には穴径から基準球の寸法を引いた10 mmの半分、5 mmより小さい値で2 mm程度を入力する

④「早送り量Z＋」には、①で高さを合わせているため0.0000を入力する。ここの値が0のとき、Z軸は動かずにXYのみ動作する（**図2-32**）

⑤「測定回数」を入力する。最大3回まで入力が可能。加工物内周が円弧の場合は、測定回数を最低2回に設定する

⑥「測定子の直径」には、測定子に基準球を使用している場合に基準球の寸法を入力する。ここで入力した値が「測定結果」の「測定物の内径」結果に反映される

❷押さえておきたい位置決めの留意事項

　接触感知動作を行うときには、指定の加工条件番号を使用します。休日明けなど、機械を停止状態から稼働させる場合には、作業前に必ず加工タンクに加工液を循環させましょう。加工液温度と室温に大きな差がある場合は、加工物の伸びや縮みが発生して加工位置がずれることがあるためです。

　操作キー動作により接触感知を行うときは、軸送り速度を低速送り設定で使用します。軸送り速度が速い場合、電極を破損することがあり、接触感知を行うときはGコードやコードレス操作をお勧めします。

　接触感知機能は、電極と加工物との通電によって検出しています。万一、電極と加工物の間にバリや加工チップがあり、通電状態になると、その位置で位置決めを行い位置ずれとなります。位置決めの際は、接触面を十分に清掃します。バリや加工チップなどによる接触感知誤差を小さくしたい場合、電極と加工物の間に、基準球をはさんで測定する方法が効果的です（**図2-33**）。

| 図 2-30 | 内径心出しスケッチ | 図 2-31 | 穴中心入力操作画面 |

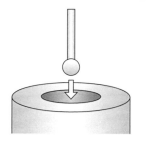
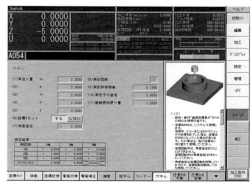

| 図 2-32 | 内径心出し早送り量設定スケッチ |

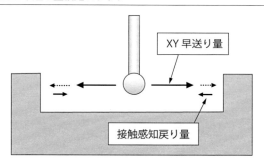

| 図 2-33 | 接触感知誤差を少なくする方法 |

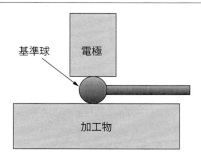

要点 ノート

電極と加工物を接触させて位置決めを行う際、両者の移動速度が速いと、若干のダメージを受ける場合があります。ダメージを軽減する動作フローが組み込まれているコードレスの使用をお勧めします。

《3》形彫り放電における加工・付帯装置・メンテナンス

加工プログラム作成①
形状選択と加工計画の設定

　必要な製品加工情報に基づき、電極・加工物形状検討、電極設計、加工方法や段取り検討、関連する加工特性を考慮したパラメータ設定など様々な工程を経て、加工プログラムの作成を行います。これらの状況を網羅して加工プログラムを一から作成することは、とてもハードな作業となるため、NC電源装置に自動で加工プログラムを作成できる支援アプリケーションが内蔵されています。使用する機械やNC電源装置で若干の違いはありますが、実際の作成手順の一例を紹介します（図2-34）。

図2-34　自動加工プログラム作成支援アプリでの作業手順

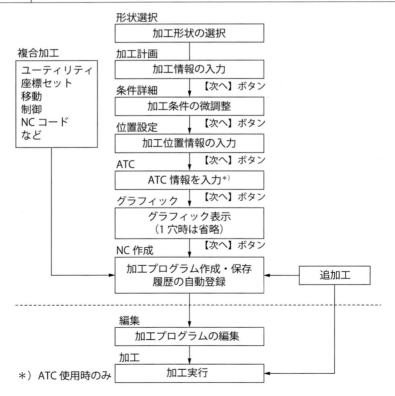

*）ATC使用時のみ

❶形状の選択

まず、自動加工プログラム作成支援アプリを起動します（図2-35）。そして、形状選択を行います。形状選択では、柱・底付き、柱・抜き、リブ、コアピン、ゲート穴、3次元形状などの目的とする加工の形状を選択します。

❷加工計画の選択

加工計画では加工条件検索の基本となる情報、例えば加工深さや材質組み合わせ、投影面積、面粗さ、電極減寸量などを入力します（図2-36）。

図 2-35 ｜ 自動加工プログラム作成支援アプリ　初期画面

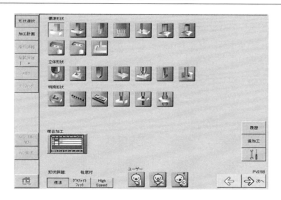

図 2-36 ｜ 加工計画設定画面

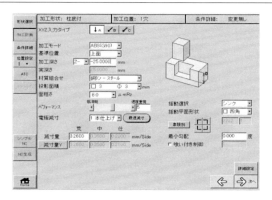

> **要点｜ノート**
>
> 形彫り放電加工は、加工前の検討事項や段取り作業が多岐にわたります。経験則によらず、操作が簡単に可能となるよう、対話形式による加工プログラム作成の自動支援機能が充実しています。

【3】形彫り放電における加工・付帯装置・メンテナンス

加工プログラム作成②
詳細設定から加工プログラム作成まで

❶条件詳細の選択
　条件詳細では、加工計画画面に入力した内容によって検索された加工条件の確認と編集ができます（図2-37）。時間算出ボタンによる概算での加工時間表示や、オフセット調整による寸法調整も容易にできます。

❷位置設定の選択
　加工する位置を設定します（図2-38）。設定には6パターンがあり、「1穴のみ」「任意」「格子」「円周」「ピッチ送り」「フレキシブル」に対応しています。

❸ATC（自動電極交換装置）
　ATC（自動電極交換装置）付きの機械では、複数の電極を無人で自動交換して連続加工を行う際に、各電極を収納したツール番号を設定します（図2-39）。

❹グラフィックの選択
　例えば、複数穴を加工する場合の穴位置の確認や削除などができます（図2-40）。

❺加工プログラムの生成
　各モードに入力された値をもとに、加工プログラムを出力します。

図 2-37 | 条件詳細設定画面

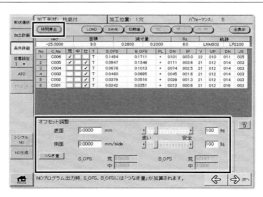

| 図 2-38 | 位置設定画面 |

| 図 2-39 | ATC（自動電極交換装置）設定画面 |

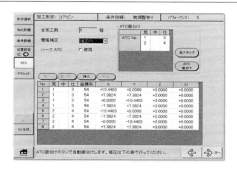

| 図 2-40 | グラフィック設定画面 |

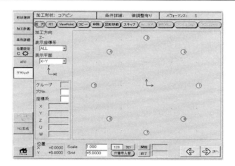

要点 ノート

機械の稼働率を高めるためには、作業工程の集約化を高めることが重要です。複数の加工プログラムを作成し、連続して自動加工が可能な編集機能もあり、電極・加工物の同時段取りとセットで活用することをお勧めします。

❰3❱ 形彫り放電における加工・付帯装置・メンテナンス

加工前動作確認から加工まで

　加工プログラムを実行する前に、実際の放電加工を行わずに、電極と加工物の位置関係や機械の移動、付帯装置の動作などを行い、その内容が正しいかを最終確認します（加工タンクに加工液は溜めません）。

❶加工前の動作確認手順

①加工モード画面で加工スタート待機状態にする（**図2-41**）

②動作確認する加工プログラム名を確認する

③動作確認時の加工モードはドライ1または2を選択する。また、1ブロックずつ動作確認する場合にはシングルをONにする

　　ドライ0：通常の放電加工

　　ドライ1：放電加工なし、X，Y，Z軸動作あり

　　ドライ2：放電加工なし、X，Y軸動作あり

　　　　　　※Z軸加工プログラム部はZ軸を動かさずスキップ

④ENTキーを押し、動作確認を実行する

※動作確認中の電極と加工物、あるいは固定治具との干渉による電極破損を防止するために、状況に応じて軸移動速度を低速移動に変更する

❷動作確認内容

①電極の取り付け（固定）は十分か、緩みがないか

②加工物の固定は十分か、緩みがないか

③加工物への通電部の固定は十分か、緩みがないか

④電極の取り付け方向は正しいか、加工形状の向きは正しいか

⑤複数電極を使用する場合に、電極取り付け順番が間違いないか

　例えば、荒加工用電極と仕上げ加工用電極を使用する場合に、使用する順番が間違っていると加工物は仕上がらない

⑥電極、電極ホルダが加工物固定治具と干渉しないか

⑦電極、電極ホルダが噴流ノズルに干渉しないか

⑧電極、電極ホルダが位置決め基準球に干渉しないか

⑨噴流ノズルの位置・向きは問題ないか

⑩その他について確認する

102

第2章 形彫り放電の段取り・加工・メンテナンス

図2-41 | 加工モード画面

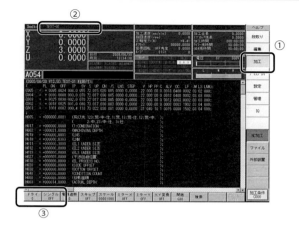

図2-42 | 加工タンク液面高さ調整

液面高さ調整ノブで調整

❸加工液面調整

　加工スタート前には加工液面高さが十分か確認します。液面が低いと火災の危険性があります。液面高さは、必ず加工物上面よりも50 mm以上高くなるように設定してください（図2-42）。液面が低い場合は、十分な高さになるように加工タンクを上昇させて液面を高くします（※上下機構付きにて）。

> **要点 ノート**
> 作成した加工プログラムが正しく動作するかを確認する重要な作業です。加工液面調整は、安定放電維持のほか火災防止の役割もあり、液処理を行うセッティングの場合は特に念入りな確認が必要です。

103

【**3** 形彫り放電における加工・付帯装置・メンテナンス

形彫り放電加工の関連付帯装置・メンテナンス

❶クランプチャック

クランプチャックとは、機械のヘッド部先端にある電極を固定する部分のことです。汎用加工から高精度加工用まで様々な種類があり、繰り返しクランプ精度が2 μmと高い精度で電極を固定することができるものもあります。ATCやロボットなどの自動化対応では自動チャックを使用します。

❷ATC（自動電極交換装置）

ATCは複数の電極を用いた組み合わせ加工や、荒加工から仕上げ加工まで順次電極を交換しながら自動で加工を続行する場合に使用します（図2-43）。同一電極で多数穴を加工する場合など電極を多く必要とする場合や、複数の電極を組み合わせて複雑形状を加工する場合などにも活用します。

また、工具ごとの電極長さやあらかじめ測定した誤差を補正量として登録し、電極交換時に自動的に補正することで精度良い加工が得られます。

❸CR軸（電極回転装置）

主軸（Z軸）に取り付けた電極を回転させる機能で、指定の角度に移動する割り出し機能（C軸）と一定回転速度での連続回転機能（R軸）があり、両方の機能を目的ごとに切り替えて使用する場合もあります（図2-44）。C軸は電極を一定角度傾けて加工するほか、Z軸やX軸などの軸と同期して加工することにより、ねじ切り加工や歯車加工などに使用されます。R軸は、細穴電極での穴あけや単純電極による創生加工（輪郭加工）などに用いられます。

❹機械のメンテナンス

加工液には加工チップが含有するため、フィルタで除去します。加工液中の加工チップが増加すると2次放電などが発生しやすくなり、加工特性に影響を及ぼすため、フィルタは定期的に点検交換します。

放電加工油は放電の熱による変質と経年劣化が起き、定期的に品質の確認と交換が必要です。また火災予防の観点から、加工液面検出装置や消火器および火災検知センサは定期的にチェックします（図2-45、2-46）。電極取り付けや固定が正しく行われていないと、電極がシャンクから外れて電極とシャンク間で放電し、火花が加工油に引火する場合もあるので注意が必要です。

第 2 章　形彫り放電の段取り・加工・メンテナンス

図 2-43　ATC の例

ツール収納ユニット　　　　ツール自動交換

図 2-44　CR 軸の外観と構造

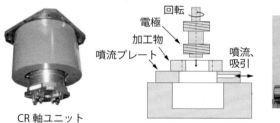

CR 軸ユニット

図 2-45　加工液面の管理

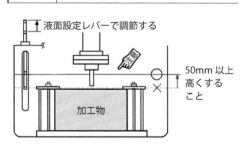

図 2-46　火災検知センサと消火器

> **要点 ノート**
>
> 形彫り放電加工の代表的な付帯装置として CR 軸と ATC が挙げられ、複雑形状の加工や稼働率アップに効果を発揮します。また、フィルタ、加工油、火災予防としての消火器確認などが重要なメンテナンス事項です。

105

コラム

● 雷と放電加工 ●

　モノづくりに携わっていない方に放電加工を説明する際、「雷のようなもの」という表現を使います。放電加工の原理は「コロナ→火花→アーク放電」であり、雷の原理は「火花放電」なので、厳密には両者は異なる現象です。しかし、雷の事象が放電加工の特徴によく似ており、身近な体験からの理解を深めていただく狙いから、「雷」をキーワードに説明しています。

　雷に関するギネス記録を調べてみると、1時間に3,600本の稲妻が走るところがあるそうです。ベネズエラの北西に位置する南アメリカ大陸最大の湖、マラカイボ湖。この湖に流れ込むカタトゥンボ川の河口では想像を絶するほどの雷が発生し、ひどい時には9時間もの間、鳴り止むことがないらしく、その理由はまだ解明されていないとのことです。

　○雷の電圧：1億～10億V
　○稲妻：空気の絶縁抵抗の限界を超えた瞬間、帯電した電気が放出
　○発光：摩擦による熱を伴い、瞬間的に周囲温度は2万～3万℃に到達
　○雷鳴：空気の高温膨張による振動現象

　このように、雷に関する事象はとても興味深いものがあります。現在、雷はちょっとしたビジネスの対象であり、クラウドの情報を集積する大がかりなPCセンターにとって、雷による停電が天敵のひとつになっています。雷の研究が地道に展開されているようですが、どこに雷が落ちるのか、いまだ十分な研究成果には至っておらず、代わりに積乱雲の発生を予測し、雷警報に代用されています。

　"閃光の後、間を置いてから雷鳴し、休止、そしてまた閃光"という雷の間欠現象は、放電加工のメカニズムによく似ています。放電加工の研究も、雷同様、得体の知れない現象との絶えることのない戦いです。

【 第**3**章 】

ワイヤ放電の
段取り・加工・メンテナンス

【1 ワイヤ放電加工の条件設定とスケジュール

ワイヤ放電独特の加工条件検討

❶加工パターンの選択

　指定された設計諸元に基づいてワイヤ放電加工を行う場合、加工物の材質や板厚、加工形状や形状精度・面粗さなどにより、使用するワイヤ径と加工条件を最適に設定します。仕上げ加工時のワイヤ電極の半径に放電ギャップを加味したR値＝加工形状の最小コーナRとなるため、これで使用できるワイヤ径が決まります。加工形状のコーナRが大きければ、加工物の板厚に対して太いワイヤ電極を使用し、加工時間の短縮を図ります。

　ワイヤ放電加工の加工条件には様々なパラメータの設定が必要で、最適な加工条件が簡単に設定できるよう、いくつかの加工パターンをNC電源装置内のデータ群として準備しています。使用するワイヤ径、加工物の材質や加工形状により、適合するいくつかの加工パターンが存在します。求める加工結果の重要な要素を考慮し、これらの中から最適な加工パターンを選択しますが、目安となる優先順位を以下に示します。

①精度重視条件（推奨）

　最も精度が良い条件です。広範囲な加工に使用でき、様々な場面で効果を発揮します。特に制約がない限り、この加工パターンの使用を推奨します。

②標準条件

　カット数を3回あるいは4回とし、ある程度の精度が必要で、加工時間を短くしたい場合に使用します。

③速度重視条件

　カット数を3回とし、精度は他の条件より劣りますが、特に加工時間を短くしたい場合に使用します。

❷カット数と面粗さ

　加工パターンと求める面粗さの組み合わせからカット数が決まります。いくつかの加工パターンの中から加工精度や加工時間、ワイヤ電極の使用量なども考慮しながら、総合的に最適な加工条件を決定します。通常は、NC電源装置に標準装備された加工条件検索機能を使用します（次項を参照）。

第3章 ワイヤ放電の段取り・加工・メンテナンス

| 図 3-1 | 上下噴流ノズルと加工物との位置関係 |

| 表 3-1 | ワイヤ径に適応した板厚の範囲 |

<密着加工の場合>

ワイヤ径 (mm)	板厚（mm）														
	5	10	20	30	40	50	60	70	80	90	100	150	200	250	300
φ 0.20	←	—	—	—	—	—	—	—	—	—	→				
φ 0.25			←	—	—	—	—	—	—	—	—	—	→		
φ 0.30						←	—	—	—	—	—	—	—	—	→

<片浮き加工の場合>

ワイヤ径 (mm)	板厚（mm）														
	5	10	20	30	40	50	60	70	80	90	100	150	200	250	300
φ 0.20	←	—	—	—	—	—	—	→							
φ 0.25			←	—	—	—	—	—	—	—	—	→			
φ 0.30						←	—	—	—	—	—	—	→		

<両浮き加工の場合>

ワイヤ径 (mm)	板厚（mm）														
	5	10	20	30	40	50	60	70	80	90	100	150	200	250	300
φ 0.20	←	—	—	—	→										
φ 0.25			←	—	—	—	—	—	—	—	→				
φ 0.30						←	—	—	—	—	—	→			

❸ワイヤ径に適応した板厚の範囲

図3-1に示すように、加工物と上下ワイヤガイドとの位置関係（Z軸方向）のパターンにおいて、使用するワイヤ径に適応した板厚の範囲があり、各ワイヤ径での目安を表3-1にまとめます。密着加工では、板厚の範囲が広がる傾向です。

要点 ノート

ワイヤ放電加工を行う場合、加工物の状態により使用するワイヤ径と加工条件を設定します。加工条件は様々なパラメータ設定が必要で、求める加工結果の重要な要素を考慮して加工パターンを選択します。

〈1〉 ワイヤ放電加工の条件設定とスケジュール

対話形式による加工条件
検索機能

❶諸パラメータの設定

　ワイヤ放電加工を行うに当たり、加工速度や面粗さに関係する放電エネルギの強さ、加工精度やワイヤ電極の断線抑制に関係するワイヤ電極の張力と送り速度、ワイヤ電極の冷却効果や加工チップ除去を目的とする上下ワイヤガイドからの噴流の強さなど、様々なパラメータをバランス良く組み合わせて設定することが必要です。また、これらのパラメータに加え、加工物の材質、板厚、ワイヤ電極の材質、ワイヤ径、加工液の種類などの関連する数値を包括して、ワイヤ放電加工における加工条件と称します。

　ワイヤ放電の加工プログラム作成は、加工形状に伴う機械の稼働軌跡を規定する部分と設定した加工条件を構成する部分とを加え、あわせて完成となります。ただし、複雑に絡み合った加工条件を自分で一から作るのは非常に困難な作業です。

　NC電源装置には、設定された加工条件がどのような結果になるかを、すでに培われた膨大なデータベースと独自のアルゴリズムで出力できるような検索機能が内蔵されています。加工条件の設定を誰もが簡単に素早く行えるよう、また、同じ環境下での加工であれば繰り返し同じ結果が得られるよう、対話形式の入力作業で最適な加工条件を設定できます（図3-2）。

❷感覚的に微調整できる加工条件設定

　検索機能の画面に表示された指定項目を順に入力すると、該当する複数の加工条件候補（あるいは該当する1つの加工条件）が、得られる面粗さ値の選択として図3-3に示すような画面に表示されます。さらに、加工条件を必要な面粗さ値から絞り込んで設定すると、加工精度に関連する面粗さ選択の画面に移ります。ここで、加工条件を検索する入力は完了しますが、加工精度のレベルを感覚的に微調整できる機能もあります。

　すべての入力作業を終えると、NC電源装置内蔵のデータベースの中から最適な加工条件を検索し、条件パラメータ以外の情報を含んだプログラムが表示されます。ここでは、予想される加工時間の表示機能もあり、加工工程の見極めに活用できます（図3-4）。

第3章 ワイヤ放電の段取り・加工・メンテナンス

図 3-2 | 加工条件検索機能：諸パラメータ入力画面

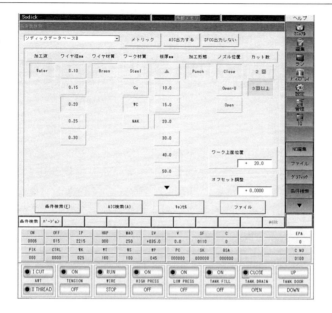

図 3-3 | 加工条件検索機能：検索結果（複数）

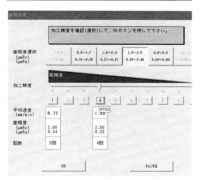

図 3-4 | 加工条件検索機能：入力完了後の加工条件表示

> **要点 ノート**
>
> 加工条件検索機能により、繰り返し同じ結果が得られ、検索結果は加工性能のレベルを感覚的に微調整できる点が特徴です。予想される加工時間の表示機能は、加工工程の見極めに活用できます。

1 ワイヤ放電加工の条件設定とスケジュール

ワイヤ電極の装着と消費目安

❶ワイヤ電極の装着

　ワイヤ放電加工で使用するワイヤ電極は、ワイヤボビンに巻かれており、ワイヤ径に適応するいくつかの重さ別で各メーカーより提供されます。一般的によく使われるワイヤ径0.2 mmに対して、5 kg・6 kg巻きが主流で、同じ重さでもワイヤ径が細いとその巻き長さが長くなります。

　ワイヤ放電加工機に装着できるワイヤ電極の重さは、その機械の仕様で定められています。高板厚を加工する場合、加工速度を速くする目的で太いワイヤ径を使用しますが、この場合、その巻き長さを長く確保するため、20 kg・30 kg・50 kgのジャンボサイズを用いることがあります。このワイヤ電極を使用する場合、別置きの装置「ワイヤフィーダ」からワイヤを供給することが選択できます。また、中型・大型のワイヤ放電加工機であれば、機械本体にジャンボサイズのワイヤ電極を装備する構造を標準で採用しています。

　ワイヤ放電加工機に装着されたワイヤ電極が、どの程度の消費量になっているかを加工前に確認することは、非常に重要な作業です。仮に加工途中にワイヤ電極がなくなった場合、新しいワイヤ電極で加工を再開しても、そのポイントの加工面に影響を与えるためです。また、ワイヤボビンの中心にあるワイヤ電極は、巻き半径が小さいため、ワイヤ電極がカールする程度も大きく、自動結線の確実性に支障をきたす可能性が懸念されます。求める面粗さや連続加工の安定性を得るために、どのタイミングでワイヤ電極の交換が必要になるか予想することが重要な加工前準備となります。

❷ワイヤ電極の消費時間の目安

　ワイヤボビンに巻かれたワイヤ電極の重さは次の式で表されます。

$$\cdot\ W = \frac{\pi}{4} \times R^2 \times L \times D$$

これより　　$L = \dfrac{4W}{\pi \times R^2 \times D}$　　・・・・(1)

W：ボビンに巻かれたワイヤ電極の重さ（g）　L：ワイヤ電極の長さ（mm）
R：ワイヤ電極径（mm）　　　　　　　　　　D：ワイヤ電極の比重（g/mm）

第3章　ワイヤ放電の段取り・加工・メンテナンス

表3-2 ｜ ワイヤ径と消費時間の目安

ワイヤ径	質量（kg）	巻き長さ（m）	ワイヤ送り速度 13m/分のときの消費時間
φ 0.10mm	1kg 当たり	14,600m	18 時間
	3kg	43,800m	54 時間
φ 0.15mm	1kg 当たり	6,300m	8 時間
	3kg	18,900m	24 時間
φ 0.20mm	1kg 当たり	3,600m	4 時間
	5kg	18,000m	20 時間
	6kg	21,600m	24 時間
	20kg	72,000m	80 時間
	30kg	108,000m	120 時間
φ 0.25mm	1kg 当たり	2,400m	3 時間
	5kg	12,000m	15 時間
	6kg	14,400m	18 時間
	20kg	48,000m	60 時間
	30kg	72,000m	90 時間
φ 0.30mm	1kg 当たり	1,700m	2 時間
	5kg	8,500m	10 時間
	6kg	10,200m	12 時間
	20kg	34,000m	40 時間
	30kg	51,000m	60 時間

※消費時間はおおよそで、メーカー・ワイヤ材質などにより異なる

が求められます。消費ワイヤ電極の長さは、その送り速度（V mm/sec）と加工時間（T h）から計算され、(1)の式を利用してワイヤボビンに巻かれたワイヤ電極の重さから加工時間を推定できます。すなわち、

$V \times 3,600 \times T = L$ より、これを(1)式に代入して加工時間 T を求めます。

$\phi 0.2$ mm の 3 kg 巻き真鍮ワイヤ電極の場合、100 mm/sec で加工したときは、真鍮の比重を 0.0085g/mm で計算すると、

$$\cdot L = \frac{4 \times 3,000}{\pi \times (0.2)^2 \times 0.0085} ≒ 約 11,240,000 \text{ mm}$$

となり、よって 加工時間：$T = \dfrac{11,240,000}{3,600 \times 100} ≒ 31.2 \text{ h}$

が得られます（表3-2）。

要点 ノート

加工前にワイヤ電極の消費量を確認しましょう。ボビンの中心のワイヤ電極はカールの程度が大きく、自動結線の確実性に支障をきたす懸念があり、加工途中にワイヤ電極がなくなった場合は加工面に影響が出ます。

〖2 ワイヤ放電加工の必須習得テクニック

加工精度安定の
ひずみ対策あれこれ

　ワイヤ放電加工では、ひずみ対策が重要です。特にプレート加工では、部分的に切り離されることや、中子（不要なエリア）が除去されることにより、材料内部の力のバランスが崩れ、ひずみが生じることで加工精度の劣化を招きます。ひずみ取りや加工順序・加工方向などの工夫を施し、加工形状への影響を抑えることが大切です。

❶1stカット後のひずみ取り

　1stカットでは、中子の除去や加工エネルギなどにより、最もひずみの影響を受けやすくなります。1stカット後、一度ひずみを開放し、2ndカット以降で加工形状の修正加工を行います（**図3-5**）。

❷加工順序

　プレートに多数個加工を行う際、クランプより遠いところから加工を行うと、後から加工した形状により、最初に加工した形状の位置をずらしてしまうことがあります。ひずみは、クランプしていない方向にひずもうとするため、クランプに近い場所からひずみを逃がしながら加工することで、加工全体のひずみの影響を抑制することが可能です（**図3-6**）。

❸加工方法

　加工形状によりひずみが出やすい場合がありますが、切り残しの位置や加工方向を変更することでひずみを少なくすることができます。

①切り残し位置の設定

　図3-7のようなひずみやすい形状を加工する場合、切り残しの位置によりひずみの影響を少なくすることができます。

②加工方向の設定

　ワーククランプされている側（切り落とし部が歪み方向側）を先に加工する場合、クランプされていない方向にひずみが発生するため、加工精度が劣化する可能性があります。ワーククランプされていない側（切り落としがクランプ側）から加工すると、ひずみの影響を受けにくくなります（**図3-8**）。

❹ひずみ抜き

　材質の特性上、ひずみやすい加工材料があります。実加工の前にスリットや

第 3 章 ワイヤ放電の段取り・加工・メンテナンス

図 3-5 ｜ 1st カット後のひずみ取り手順

①プレートをセットする　②1st カット加工を行う

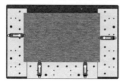

③一度クランプを外し、ひずみを開放する　④平行出し・位置決めの後、再度クランプして 2nd カット以降で修正加工する

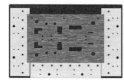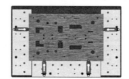

図 3-6 ｜ひずみと加工順序

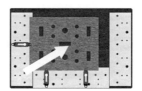

図 3-7 ｜ひずみと切り残し位置

○細長い形状を加工するとひずみが出やすい　○形状の中心（均一にひずむ位置）に切り落としを設定するとひずみの影響を受けにくい　○切り落とし位置を数カ所設定することでひずみの影響を抑制できる

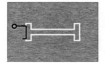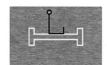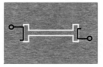

図 3-8 ｜ひずみと加工方向

○ひずみの影響を受けやすい加工方向　○ひずみの影響を受けにくい加工方向

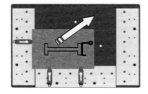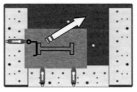

くり抜き加工を行い、材料が持っている内部応力を開放することで、ひずみを少なくすることができます。

> **要点 ノート**
> プレート加工ではひずみ対策が重要で、1st カットは最もひずみの影響を受け、2nd カット以降で形状を修正します。加工順序はクランプに近い場所からひずみを逃がしながら加工し、切り残し位置や加工方向の設定、ひずみ抜きなども有効です。

115

《2 ワイヤ放電加工の必須習得テクニック

切り残し部の仕上げ加工①
ワイヤ電極を使う

❶パンチ形状の大きさと固定方法

　パンチ形状（ワイヤ放電加工で切り抜いた内側の部分）を完成させる際、切り残し部分の仕上げ加工が必要です。この場合、パンチ形状の固定とアプローチ部（放電経路）の良好な通電状態を確保することが重要です。パンチ形状を固定する方法には、「固定用治具を使う」「ワイヤ電極を使う」「銅板を使う」の3通りがあります。

　パンチ形状が大きく、外部から固定しても切り残し部分にかからない場合、固定治具を使うことが可能です。固定治具には、鋼材など強度があり厚みのあるものを使用し、固定する面は研磨加工などで面粗さの細かな平らな状態とします。この場合、加工時に上ワイヤガイドと固定具が干渉しないよう注意します。

　パンチ形状が小さく、加工時に上ワイヤガイドとの干渉が回避できないときは、ワイヤ電極あるいは銅板をすでに加工が終了したスリット（加工溝）に挿入し、パンチ形状を瞬間接着剤で一時的に固定して、切り残し部の仕上げ加工を行い、加工終了後加工物全体を取り外し、接着剤を溶解させてパンチ形状を取り出します。

❷ワイヤ電極を使っての取り出し手順

①パンチ形状の固定と通電経路の確保を同時に行うため、スリットにワイヤ電極を挿入し、接着剤で固定する。固定用のワイヤ電極は、加工で使用したワイヤ径よりも1サイズ大きいワイヤ電極を使用

②ワイヤ電極の中間を支点にし、両端を矢印方向へ松葉のように折り曲げる（図3-9）。

③図3-9のA部が加工物の板厚－5mmほどになる箇所を支点に、85～90度ぐらいに折り曲げる。このとき、ワイヤ電極でパンチ形状を通電させるため、A部が少し反るようにする

④スリットにワイヤ電極を入れる

⑤事前に加工タンク内の加工液を抜き、上下ワイヤガイドを離してエアーで加工液を飛ばし、よく乾かしておく

| 図 3-9 | スリット挿入用ワイヤ電極の作り方 |
| 図 3-10 | ワイヤ電極挿入 |

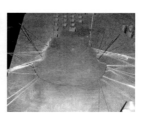

| 図 3-11 | ワイヤ電極による固定 |
| 図 3-12 | 切り残し部仕上げ加工 |

⑥図3-10の上面に出ているワイヤ電極をテープで固定し、瞬間接着剤を1滴ずつワイヤ電極に沿ってスリットに垂らす。加工物下面にウエスなどを敷いて、流し込んだ接着剤が広がらないようにする。特に、アプローチ部に流れ込まないよう注意する。パンチ形状に対して、両端から同じ力がかかるようワイヤ電極を均等に入れ、形状のずれを防ぐ。通電と固定も兼ねる場合は、ワイヤ電極を多めに入れる（図3-11）

⑦接着剤を垂らしてから5～10分置き、テープをはがす。密着で加工している場合は、加工物上面に出ているワイヤ電極の部分を、加工物より軟らかく、ワイヤ電極より硬い生材などで削り取り、密着可能とする

⑧加工液を溜めてから接着剤付着部がなじむよう10分ほど置き、切り残し面仕上げ加工をスタートする（図3-12）。そして加工終了後、加工物全体を取り外し、接着剤を溶解してパンチ形状を取り出す

要点ノート

パンチ形状の加工では、最後に切り残し部分が残ります。ワイヤ電極と瞬間接着剤で一時的に加工物を固定することにより、アプローチ部を仕上げ加工することができます。

【2 ワイヤ放電加工の必須習得テクニック

切り残し部の仕上げ加工②
銅板を使う

❶用意するもの

　まず、加工で使用するワイヤ径より0.1 mm厚い銅板を用意します。例えば、ワイヤ径がϕ0.2 mmであれば、銅板の厚さは0.3 mmです。事前に1～2 mmの幅に切り、オイルストンなどで平らにしておきます（**図3-13**）。

　このほか、加工物の大きさによって異なりますが、角銅（3 mm×3 mm×20 mm）ぐらいの銅、オイルストン、瞬間接着剤、ペンチを準備します。

❷銅板を使っての取り出し手順

①「切り残し部仕上げ加工」ありのプログラムを作り、切り残し部以外を加工する。必ず、切り残し部加工前にM00（一時停止）で止まるプログラムとする

②M00で止まったら加工タンクの加工液を抜き、上下ワイヤガイドを加工物から離し（接着剤を流すときガイド部に接着剤が流れ込むのを防ぐため）、エアーで加工物上の加工液を飛ばしてよく乾かす

③切っておいた銅板を加工したスリットに入れる。**図3-14**に示すように、必ず均等に力がかかる位置（矢印の所）に銅板を入れる。入れる深さは3～5 mm程度とする

④ワークの上面（銅板を入れた箇所）をオイルストンでこすり、平らにする

⑤差し込んだ銅板と銅板の間に瞬間接着剤を流し入れる（**図3-15**）。このとき、異常放電で加工が不安定にならないよう、瞬間接着剤がアプローチ部に流れ込まないように注意する

⑥角銅（3 mm×3 mm×20 mm）を瞬間接着剤で固定する。このとき、角銅が浮き上がらないようにしばらく指で押さえつけておく

⑦10～15分乾かす

⑧ワイヤ電極をつなぎ、Z軸を角銅にぶつからない高さまで下げる。加工物上面をZ 0 mmとしたときに約Z 4.0 mmほどの高さにする（角銅の高さが加工物上面から3 mmにて、角銅から1 mmほど上に上ワイヤガイドを離しておく）

⑨加工タンクに加工液を溜め、5分ほどなじませる

| 図 3-13 | 固定用の銅板づくり |

| 図 3-14 | 固定用銅板の挿入位置 |

| 図 3-15 | 固定用銅板の接着 |

⑩切り落とし面仕上げ加工をスタート。上ワイヤガイドが浮いた状態での加工になるため、1stカットでワイヤ電極が断線するときは、加工条件を少し弱めにする

⑪加工が終了（M02）したら角銅をペンチで取り、加工物上面に残っている接着剤を削り取る

⑫接着剤を溶解し、パンチ形状を取り出す

要点ノート

パンチ形状の切り残し部分を仕上げる際の固定方法です。使用したワイヤ径より少し厚い銅板をスリットに差し込み、瞬間接着剤を使うことで、加工物を一時的に固定することができます。

《2 ワイヤ放電加工の必須習得テクニック

テーパ加工習得のポイント

　通常、ワイヤ放電加工は、ワイヤ電極を加工物取付台に対して垂直な姿勢で行います。また、部品の基準面に対して垂直ではない角度を持った加工面を有する、樹脂金型でのスライドブロックやプレス金型での切刃逃げ部分では、ワイヤ電極を指定の角度に傾けながらこれらの加工面＝テーパ面を精度良くきれいに高品質に仕上げることが可能です。テーパ加工は難易度が高く、このワイヤ放電特有の加工性能をマスターするには、機械の設定や事前の検討事項など、様々な知識とスキルが求められます。

❶テーパ加工での検討事項
　○加工物の上下面指定の有無を確認
　○ワイヤ電極と噴流ノズル（上下ワイヤガイドに組み込み）との干渉あり・なしを確認〜適切な噴流ノズル径などの選択が必要
　　※板厚別のワイヤ電極傾斜角度対応表を参照（機械付帯事項で表は割愛）
　○テーパ軸（UV軸）ストロークの確認〜使用予定の機械で問題ないか？
　　※上下ワイヤガイド間距離とテーパ角度からUV軸移動量を概算するが、詳細な移動量は加工時のコーナ形状により増加することがあるので、ドライランまたはグラフィック描画で確認
　○テーパ加工時、ワイヤ電極の軌跡と形状との干渉あり・なしを確認
　○ガイドブロックや噴流ノズルと加工物やクランプ治具との干渉あり・なしを確認〜加工前、ドライランで確認が必要
　○加工途中での中子発生の有無を、グラフィック機能で確認
　○全テーパ加工かストレート切刃加工かを確認
　○ストレート切刃加工時には加工順番検討が必要
　　※テーパ加工とストレート加工、どちらを先に加工するか？
　　※加工代が多い方を先に加工すると時間短縮になる
　○テーパ面とストレート面の稜線をくっきり出す方法を検討
　　※テーパ加工とストレート加工を交互にした方がよい
　　→片方ずつ加工すると、稜線部分に2次放電が発生することがある

| 図 3-16 | テーパ補正の幾何解析 |

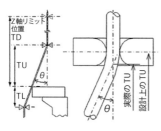
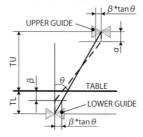

| 図 3-17 | テーパ補正測定治具 |

❷NCプログラム中のテーパ加工の項目

テーパ加工時、その角度が広くなるに従い、幾何学上から求めたワイヤ電極の傾き角度が実際のそれとは異なる傾向にあります。これは、ワイヤ電極を保持するワイヤダイスとそれが離れるポイントにおいて、微妙なずれが生じるためで、ワイヤ電極の剛性が作用しています。高精度な広角度テーパ加工を行うには、テーパ補正機能を活用します。

❸広角度テーパ加工での形状精度向上方法

①テーパ補正機能

テーパ補正機能は、角度の違いで生じる上下ワイヤダイスの支点間距離の変化をソフト的に補正し、テーパ加工精度を向上させるものです。また、テーパを施す方向による誤差（方向誤差）についても補正が可能です。この方向誤差は、±Uおよび±Vの計4方向の補正データをもとに補正が行われます（図3-16）。これらの補正値の測定には、専用のテーパ補正測定治具が必要です。

②テーパ補正測定治具

テーパ補正機能の補正値を測定するための専用治具です（図3-17）。治具に取り付けた上下の測定ピンを用いて接触感知させることにより、最大45°までの角度について上下ワイヤダイスの支点間距離を測定します。±Uおよび±Vの4方向の補正値を測定可能です。

> **要点ノート**
> テーパ形状は、ワイヤ放電加工が得意とする分野のひとつです。その習得の難易度は高く、機械の設定や事前の検討事項など様々な知識とスキルが求められます。

❮2 ワイヤ放電加工の必須習得テクニック

加工テクニック①
薄い加工物での条件調整

　使用するワイヤ径にもよりますが、加工物の厚みが5mm以下になると加工が不安定になりやすい傾向にあり、その結果、ワイヤ断線や加工面のすじなどの問題が発生します。その理由として、ワイヤ径に対する高さ方向の放電領域が狭いことや、加工物の剛性が低いことで噴流によるそれ自体の不安な状態が、安定放電の妨げになっていることなどが考えられます。したがって、うまく加工できないときは、以下の方法で加工条件を調整すると改善が得られる場合があります（φ0.2mmのワイヤ電極を例に説明しますが、他のワイヤ径も同様な考え方です）。

❶薄い加工物での除去量の減少について

　例えば、板厚10mmの加工物を毎分5mmの加工速度でカットできると設定します。加工物をカットするということは、ワイヤ電極の進行方向にある加工物を除去しながら進むことになります。どのような板厚でも、同じ時間で同じ量を除去できると仮定すれば、板厚5mmを加工する場合は毎分10mm、板厚1mmでは毎分50mm、板厚0.5mmでは毎分100mmの加工速度となります。同じ時間で除去できる量が板厚によらず同じであれば、同じ時間でワイヤ電極が進む距離は、**図3-18**に示すようにこれほどにも違います。

　しかし、加工物が薄くなった場合、このように速く加工できるわけではありません。実際は、加工物が著しく薄くなると、同じ時間で除去できる量が減ります。加工で除去できる量が減るため、投入する放電エネルギを小さくせざるを得ません。薄い加工物において安定した放電状態を得るポイントは、投入する放電エネルギを思い切って小さくする、すなわち、加工条件を思い切って弱いものに変更することです。

　板厚1mmで50mm/minの加工速度が出せるというのは、板厚10mmと同じ除去量を設定した場合であり、実際は10mm/minくらいしか出せないことが多く、加工速度は板厚10mm対比で1/5に減ってしまいます。したがって、除去量も1/5、必要な放電エネルギも1/5となるわけです。

❷加工条件の調整方法

　板厚10mmでの加工条件を基準に、薄い加工物での加工条件パラメータの

図 3-18　加工量一定でのワイヤ電極進行距離

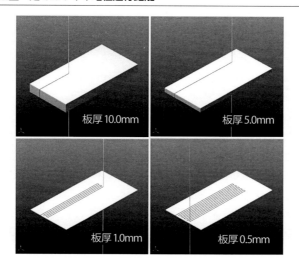

調整方法を説明します。

　加工条件の構成にもよるため一概には言えませんが、たいてい1stカットでの、ONやVで放電エネルギの調整ができます。例えば、放電エネルギを1/5にしたい場合、ONで調整するなら、ON6をON1か2、Vで調整するなら、V8をV1か2に変更します。ONを3、Vを4のような併用も有効です。

　加工条件パラメータの値を1/5にしたからといって、正確に放電エネルギが1/5になるものではありませんが、おおよその調整方法としては十分です。そこからさらにSVやSFなどを使って、微調整を行うことも可能です。他に、ONとV以外にも、OFFを大きくする、SVを大きくするなどの方法もあります（ON・OFF・V・SV・SFは放電エネルギに関する、あるいは機械制御に関するパラメータを示す）。

　また、ほとんどの場合、薄い加工物の加工ではワイヤ電極にかかる外力が小さく、上下のワイヤガイド間距離も短い状態で加工することが多いため、ワイヤテンションを下げても加工形状の崩れが生じにくい傾向にあり、有効な調整方法のひとつです。

> **要点　ノート**
> 5 mm以下の薄い加工物は、加工条件パラメータ（ONやV）を弱く設定し、放電エネルギを調整することで、安定した加工が可能になります。ワイヤテンションを下げる方法も有効です。

【2 ワイヤ放電加工の必須習得テクニック

加工テクニック②
ダイ形状での条件調整

❶ダイ形状の加工条件取り

　ダイ形状を加工する場合、パンチ形状と比べて寸法測定が難しくなります。これは、加工面が直視できない、外形マイクロメータによる測定ができないなどの理由によるものです。上面、下面の形状寸法は顕微鏡を用いて測定できますが、（厚み方向の）中央部分の寸法測定は簡単ではありません。そのため、ダイ形状で寸法測定（タイコ量を含め）が必要な場合は、**図3-19**のように「条件取り」を行います。

　ダイ形状の加工条件を用い、中子に相当する部分をパンチ形状と見立てて、2ndカット以降の仕上げ加工を行います。パンチ形状部分の測定を行うことは、間接的にダイ形状の仕上がり寸法を測定することになります。このような加工を行うことで、加工条件の適正さを確認することが可能です。大がかりな測定設備がなくても、確実な寸法測定が簡単になり、また同時に加工面の仕上がり状態も確認することができます。

❷高板厚の仕上げ加工

　高板厚（板厚の厚い）の材料で加工する場合は、「タイコ形状により精度が劣化する」「上下面の面粗さが粗くなる」など加工の難易度が上がります。そこで、タイコ形状の修正を検討します。高板厚の加工において、SV調整だけではタイコ形状の修正が難しくなります。板厚が厚くなると、加工物の厚み方向の中央部では、上下ワイヤガイドから極間に供給される噴流が届きにくくなり、加工チップの排出が悪くなることでタイコ形状による精度劣化が発生します。

①対策：カット回数の変更

　1stカットから2ndカットでの通常の追い込み量を、例えば60 μmと設定した場合、20 μmずつを3回に分けて加工すると、加工チップの排出が良くなり、安定した加工速度が得られます（**図3-20**）。

②対策：加工溝幅を広くする

　1stカットの後、本来の2ndカットとは逆方向に加工し、加工溝幅を強引に広げます。2ndカット以降の加工において加工チップの排出を良くし、加工チップだまりによる加工速度低下を防ぎます。

124

図 3-19 ダイ形状の測定手順

① 5〜10mm角のパンチ形状のプログラムを作成する。
　このとき、ダイ形状用の加工条件を選択する

② 1stカットで、パンチ形状の周辺を切り落とす

③ 2ndカット以降はパンチ形状をそのまま加工する

④ パンチ形状を切り落とし、寸法を測定する

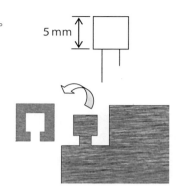

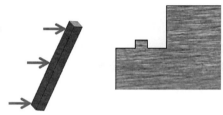

図 3-20 追い込み量分割による高板厚加工

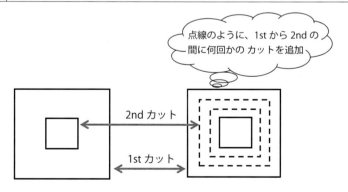

点線のように、1stから2ndの間に何回かのカットを追加

要点 ノート

難易度の高いダイ形状で高板厚の仕上げ加工を行う際は、試し加工での条件取りや、追い込み量を減らしカット回数を変更することによって、高精度な加工が行えます。

【2 ワイヤ放電加工の必須習得テクニック

加工テクニック③
くし歯形状での条件調整

　くし歯形状を加工する際、問題となるのが形状精度と加工面の仕上がりです。特に歯幅が狭く、歯長が長くなると、加工はより難しくなります。熱変形によるひずみがその主な要因ですが、くし歯形状を上手に加工する対策として以下の事柄が挙げられます。

❶加工条件の変更

　強い条件で加工すると、放電エネルギが強くなり、熱の影響を受けやすくなります。したがって、寄せ量を少なくしてカット回数を増やすことで、1回の放電エネルギが弱くなり、熱の影響を少なくすることができます（**表3-3**）。

❷加工プログラムの変更

　くし歯形状加工での問題のひとつに、歯先の反りがあります。一筆書きのプログラムで加工すると、先端コーナ部でダレやすくなります。そこで加工プログラムを変更し、片面ずつ歯元から歯先に向かって加工することで、形状のダレを少なくすることができます（**図3-21**）。

❸加工のポイント

　板厚が薄いものを加工する場合、変形を抑えて加工をすることが難しく、数枚の材料を重ねて5mm程度の厚さにした方が仕上がりやすくなります。また、難易度の高い加工を行うには、加工条件も当然ながらきめ細かい加工指示を行えるNCプログラムの作成が重要です。

　単一の手法ですべて解決できるわけではない点にも注意が必要で、状況によっては逆の結果もあり得ます。変形を抑えたい意図で両端に切り残しを設けたがために、想定外の部分が変形する場合もあり得ます。

　特に残留応力が大きくない鋼にもかかわらず、加工する形状により上手く仕上がらない事例で、1stカットと2ndカットを同じ向きで加工し、3rdカットから交互の方向で加工すると仕上がりやすくなる場合があります。

　最終回数のカットとその1つ前のカットを同じ向きで加工すると、仕上げ加工面のスジが目立たなくなります。表面粗さは大きく変わらず、スジが目立たなくなる方法なので、見た目を良くしたい場合に使います。

126

表3-3 熱の影響を減らす方法

```
<各条件でオフセット値>
H0000 = +000000.0100    （アプローチ）
H0001 = +000000.1820    （ 1st ）
H0002 = +000000.1200    （ 2nd ）
H0003 = +000000.1100    （ 3rd ）
H0004 = +000000.1070    （ 4th ）
```

1st⇒2ndの寄せ量が多い
⇓
寄せ量を少なくし、加工速度を上げる

⇨調整方法：
　1st→2ndの寄せ量62μmに対し、加工速度が15～25 mm/minとなるよう、1回の寄せ量を5～10μmで調整する

図3-21 くし歯形状の加工手順

①溝の中心にスリットを入れる

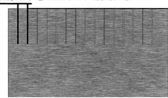

②歯の先端部のみ仕上げ加工を行う

③歯元から歯先に向かって片側の側面を加工する

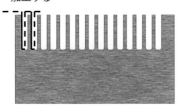

④反対側も同様に加工する

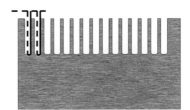

⑤③と④を交互に繰り返し、側面を仕上げる

> **要点ノート**
> くし歯形状を加工する場合、形状精度と加工面の仕上がりが課題となります。その対策として、加工条件と加工プログラムを変更することで熱影響と反りが改善され、上手に加工が行えます。

【3】 ワイヤ放電加工における段取りのポイント

加工スケジュール

　ワイヤ放電加工では、いつ、どの加工を、どの順番で行うかを検討することは、重要な準備作業となります。それにより、加工効率や加工物の精度・仕上がりに影響を及ぼすからです。

　使用ワイヤ径の決定、加工条件選択、加工プログラム作成、段取り作業の検討などの加工工程計画やワイヤ電極の垂直出し、液処理調整、加工物セッティング、位置決め、加工プログラムチェックなどの加工前段取り、実加工、加工終了後の保守・点検における一連の流れにおいて、有人作業か無人作業か、加工環境の影響を受けやすいか、想定外のトラブルが起きるかなど総合的検討を踏まえて、安定した加工結果を得るための効率良い加工スケジュールを計画することが大切です。

❶効率的なスケジュールの勘どころ

　機械設置環境の変化が加工精度や仕上げ面の均一性に大きな影響を与えるため、温度変化がさほど大きくない日中を狙って加工スケジュールを組むことが効果的です。最新のワイヤ放電加工機では、指定日時に実加工を行うことが可能なカレンダ機能があり、加工スタートを指令するために作業者が機械の前に待機する必要がありません。

　ワイヤ放電加工では、ダイ加工での不要な中子（スクラップの部分）を切り落とし除去する処理が、パンチ加工での切り残し部の仕上げ加工と加工形状の取り出しが有人作業になります。これらの有人作業が連続加工工程内で複数存在するとき、最適な加工開始時間の設定や有人作業の集約化を狙った加工プログラムの作成など、作業者の負担軽減に配慮した工夫が必要です（図3-22）。

　このような連続加工では、荒加工から仕上げ加工を1つの形状ごとに行う場合と、すべての形状の荒加工を一度に連続して実行し、その後、1つの形状の仕上げ加工を繰り返して行う場合との違いを検証することが重要です。

❷連続工程における加工の集約

　1つの形状ごとに荒加工から仕上げ加工までを完了する場合は、加工開始から中子処理を行い加工が終了するまでの時間がさほど長くないため、設置環境の温度変化も少なく安定した加工精度と均一な仕上げ面が期待できます。ただ

図 3-22 　中子処理に要する有人作業時間

● 1 プレートに、82 個のダイ形状が配置されている場合
⇨ 1 個の中子切り落とし加工と除去作業に5 分を要したと仮定

5 分 × 82 個＝約 7 時間
の有人作業が必要

図 3-23 　中子保持機能と効果

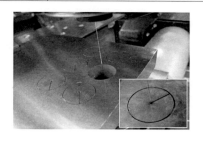

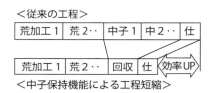

し、この場合は小刻みな中子処理作業となるため、作業者への負担が大きく作業効率の向上が図れません。

一方、すべての形状の荒加工を一度に実行する場合は、中子処理作業が連続して集中的に行えることで作業効率が向上し、その後の仕上げ加工は自動で連続して実行されるため、作業者は並行して別の機械の操作に移ることができます。しかし、一括しての荒加工が長時間となることで設置環境の温度変化が影響した場合に、仕上げ加工における加工物の変形が仕上げ面の不均一さをもたらす可能性があります。

どちらの選択が正しいかは、個々の加工状況に依存するため、作業効率や加工精度・加工品質などを総合的に検討・判断しましょう。

❸中子保持機能

ワイヤ電極の真鍮付着による中子の保持機能を活用することで、中子処理作業の集約化され作業効率が向上します（図3-23）。また、自動で中子を回収する装置により無人での連続加工が可能です。

> **要点 ノート**
> 加工スケジュールをしっかり計画することは、単に作業効率を上げるだけでなく、加工精度や加工面質の向上にも有効です。有人作業の集約化など作業効率や機械稼働率の向上に配慮しましょう。

【3】 ワイヤ放電加工における段取りのポイント

作業前準備から加工までの流れ

❶ワイヤ放電加工ならではの作業ポイント

　ワイヤ放電加工は、放電現象を加工原理に用いることで、複雑な形状での優れた加工精度や高品位な仕上げ面質の加工を可能とします。これらは、モノづくりに必要不可欠な、他の工作機械では成し得ない性能を発揮していると言えます。日常のモノづくりの現場でいつでも安定した成果を得るには、放電加工の特徴や機械構造の仕組み、加工条件と加工結果の関連性に加え、加工材料の特性や設計に関する知識、加工プログラム作成のほか、機械操作、加工前準備作業、加工物のセッティング、位置決め、プログラム確認などの段取り作業、加工状態の監視、加工結果の評価・分析、加工物の検査・測定、さらに機械の保守点検、消耗品の管理、機械設置環境の安定維持など、様々な見識や技能の習得が求められます。

　ワイヤ放電加工機は、いくつかの因子が複雑に関連する放電現象を加工の根幹とし、同時に高度な性能を要求されるがゆえ、微妙な環境の変化や些細な段取りの違いがその結果に大きな影響を及ぼします。また、電気信号を利用して位置決めを行うことや、加工液に加工物すべてを浸漬した状態で加工することなど、ワイヤ放電加工特有の作業工程やメンテナンスが存在します。

表 3-4 ｜ チェック事項

1. 作業前準備
①定期点検（作業前、1週間、1カ月、3カ月、6カ月など）　②加工物　③ワイヤ電極 ④ワイヤダイスガイド　⑤加工液　⑥NCプログラム　⑦機械本体　⑧機械設置環境

2. 加工物のセッティングと位置決め
①ワイヤ電極の結線・垂直出し　②加工物のセッティング　③Z軸（上ワイヤガイド）高さ調整 ④ノズル位置と噴流液処理調整　⑤加工物の位置決め　　⑥加工物の液温慣らし

3. 加工中の確認作業
①室温と液温　　　　　②荒加工（1stカット）後の基準点および基準面の平行再確認

4. 加工終了後の確認・注意事項
①基準点、基準面の平行の再確認 ②スクラップの除去、防錆処理（水加工液使用機）、治具などの片づけ

130

第3章 ワイヤ放電の段取り・加工・メンテナンス

　ワイヤ放電加工機を上手に活用するに際し、作業前準備、加工段取り、加工に至る一連の流れを**表3-4**に説明します。

❷定期点検

　ワイヤ放電加工機の高精度な性能や放電状態の安定維持管理には、定期点検が重要な役割を果たします。**表3-5**が主要な定期点検項目（抜粋）です。

表 3-5 定期点検票（抜粋）

Ⅰ.作業前点検　　　　　　（項目）	（内容・処置）
電気系・機械系	
上下ワイヤダイスガイドおよびノズルの傷・汚れ	エアガン、洗浄液で清掃
極間線の傷、固定ねじの緩み	交換、ねじの増し締め
通電コマの消耗状態	傷のない箇所にシフト
ワイヤ電極走行系の案内部品の稼働・傷	ゴミ除去、交換、グリス塗布
下アーム部のスライド機構部	加工液中での清掃
放電安定系	
加工タンク内の汚れ、スクラップの除去	柔らかなブラシで清掃
加工液の液量	適切な液面高さまで補給
加工液のフィルタ圧力計の確認	目詰まり確認、交換
ワイヤ電極回収BOX内の使用済みワイヤ量	はみ出しなし、BOX内ワイヤ電極廃棄
水加工液の水質の確認（油加工液は不要）	管理画面確認、交換
加工タンク部フロートセンサの動作確認	ブラシなどで清掃
垂直出し治具、クランプ治具の錆・傷	錆除去、防錆処理、交換
供給圧縮空気の圧力確認	メータ確認、フィルタ交換
Ⅱ.1週間、1カ月、3カ月、6カ月点検	
下ワイヤガイドブロックの高さ確認	流量確認手順にて確認
水質センサ確認（油加工液は不要）	ブラシなどで汚れを除去
サービスタンク内部清掃	加工チップ、スラッジの除去
送液・循環・噴流ポンプ類確認	異音・振動確認、吸込口清掃
加工液冷却装置フィルタ清掃	ホコリ、ゴミの除去
NC電源装置フィルタ清掃	ホコリ、ゴミの除去

要点　ノート

ワイヤ放電加工をマスターするためには、様々な見識や技能の習得が必要です。加工物すべてを加工液に浸漬することや、電気信号を利用して機上測定を行うなど、独特の特徴があります。

【3】ワイヤ放電加工における段取りのポイント

加工前までの慣らし運転と位置決めのポイント

　優れたワイヤ放電の加工性能を実現し、それを安定維持するために重要な作業前準備、加工物のセッティングと位置決めのポイントを以下に示します。

❶前準備

①加工物（室温への温度慣らし）

　機械が設置してある部屋に加工物を運び入れた場合は半日以上放置し、温度慣らしを行います。

②ワイヤ電極（残量、酸化）

　ワイヤ電極の残量は、ワイヤ電極使用量自動算出機能で確認します（最新鋭の機械ではワイヤ電極残量表示機能が利用できます）。また、放電の安定性を確保するためになるべく新しいワイヤ電極を使用します。ワイヤ電極の外装の封を切った状態で放置すると表面が酸化し、安定した放電が得られない場合があるためです。

③ワイヤダイスガイド（穴の形状、破損の有無）

　ワイヤダイスガイドの状態は加工精度に大きく影響するため、月に1度は穴の形状や汚れ、破損の有無を確認します。また、超音波洗浄器などでの清掃により、穴の詰まりを防ぎます。

④加工液（汚れ、水質、液量、温度）

　1年に1回程度の加工液の入れ替えをお勧めします。また、加工液の交換の際は、タンク内に沈殿した加工チップの清掃を行います。

❷機械まわりの慣らし運転

①機械本体（加工前点検）

　週末などで電源をOFFにした状態から加工を開始する場合、1日程度の温度慣らしが必要です。また加工中にフィルタやイオン交換樹脂、通電コマなど消耗品が寿命を迎えないか、自動結線装置が途中で停止しないかを確認します。

②機械設置環境（空調など）

　空調機からの風や日光が直接機械に当たらないよう、また設置場所の出入り口の開閉などで、急激な温度変化が生じないよう注意します。

③加工物の液温慣らし

| 図 3-24 | 加工後の基準点・面の確認 |

| 図 3-25 | 測定システムの例 |

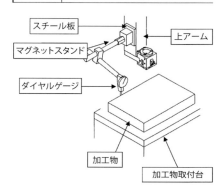

　加工物の位置決め後は、加工液を仕上げ加工の流量設定の状態とし、加工物を30分以上加工液に浸漬して液温慣らしします。この間に、NCプログラムの最終確認などを行います。

❸加工開始～終了後
①加工中の室温と液温の記録

　加工液冷却装置が正常に作動していることを確認し、加工中の室温と加工液の液温を記録します。室温の温度変化が激しい季節や、週末明けの工場全体が稼働し始めた時間帯は、機械の挙動が安定するまでにある程度の時間を要します。

②荒加工（1stカット）後の基準点・基準面の平行再確認

　荒加工後、加工前に位置決めを行った基準点・基準面の平行を再確認します。仮に誤差が発生している場合は（5μm以上を目安とし）、加工物のクランプをいったん外し、再度セッティング・位置決めを行い、仕上げ加工に移ります。

③仕上げ加工後の基準点・面の再確認

　異常なく加工が終了したことを確認するため、位置決めを行った基準点、および基準面の平行を再度確認します（**図3-24、3-25**）。

④作業後点検

　加工後、加工物を外し、清掃などの作業後点検を行います。

> **要点　ノート**
>
> 1μmレベルの高精度が求められるワイヤ放電加工がゆえに、作業前準備に加えて加工物のセッティングや位置決め作業での、究極を追求する心構えが欠かせません。

【**3**】 ワイヤ放電加工における段取りのポイント

ワイヤ電極の結線と垂直出し

❶ワイヤ電極の結線機能

　ワイヤ電極は、加工箇所の走行経路を上下ワイヤガイドに規定され、上から下に一定の速度で送られます。こうすることで常に新品な状態を保持し、高精度加工に優れた性能を発揮します。加工物へのアプローチとして、側面から加工が進行する場合と、すでに貫通した穴が施された加工物に対し、ワイヤ電極をその穴に挿入した後、穴内部から加工を開始する場合とに大別できます。

　いずれの場合も加工開始前に、ワイヤ電極を上下ワイヤガイドにあるダイスガイドに挿入し、排出ボックスに送り出す"結線動作"が必要です。この結線動作には手動結線と自動結線がありますが、自動化・無人化運転を向上するため、高い結線率を誇る高度な自動結線機能が搭載されています。

　結線に着目した加工フローは、①加工終了→②ワイヤ電極を切る→③次の加工箇所に移動→④ワイヤ電極を結線する→⑤加工開始、の繰り返しとなり、ワイヤ放電加工機の無人での連続稼働をサポートとします。

　浸漬状態で結線できる、穴位置を自動サーチする、加工中にワイヤ電極が断線しても結線して加工を再開できる、など様々な自動結線機能が拡張しています。また、安定した結線率を維持するための恒常的なメンテナンス作業が大切です。

❷ワイヤ電極の垂直出し

　ワイヤ垂直出しは、加工物取付台に対するワイヤ電極の姿勢を垂直に調整する作業です。これは、ワイヤ電極による位置決め精度や加工物の垂直精度をコミットするための重要な作業です（**図3-26**）。

　ワイヤ垂直出しは、加工のたび毎回行う必要はありませんが、ワイヤダイスガイドを交換したとき（取り外し時も含む）、機械と障害物とが干渉したとき（特に上下ワイヤガイドとの干渉）、NC電源装置の電源を完全にOFFにしたとき、長期間（2～3日間）加工しなかったときなどに行います。高精度加工が求められる場合は、ワイヤ電極の垂直を再確認することをお勧めします。

　ワイヤ垂直出しには、手動と自動の2種類の方法があります。いずれも、専用の垂直出しブロックを用います。

第3章 ワイヤ放電の段取り・加工・メンテナンス

| 図 3-26 | ワイヤ電極垂直出しの仕組み |

 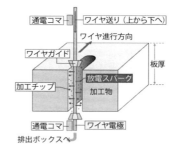

| 図 3-27 | NCプログラム実行によるワイヤ電極自動垂直出し |

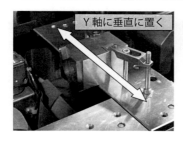 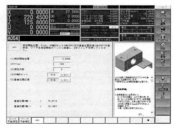

①手動：垂直出しブロックに放電を行い、その火花を見ながら手動で調整
②自動：垂直出しブロックに専用のNCプログラムを実行し、垂直を決定
　　　→XY軸両方の垂直出し操作を一度に実行可能な自動機能もある（図3-27）

　垂直出しブロックよるワイヤ垂直出しは、その高さにセットした上ワイヤガイドの場合の値です。実際の加工では、加工物の厚みごとにセットされた上ワイヤガイドの高さとなり、ワイヤ電極の垂直は若干の誤差を含む場合があります。上ワイヤガイドの高さを決めるZ軸は、加工物取付台に対して垂直の軌道を通るため、誤差は微小な値となります。厳密な垂直精度が必要な加工の場合は、加工物側面の垂直精度が出ていることを確認した後、その側面を利用した高精度なワイヤ電極の位置決め作業を行うことが望ましいです。

> **要点 ノート**
> 100％に近い成功を成し得るワイヤ電極の自動結線機能は、無人による連続加工を実現するのに欠かせないものです。また、ワイヤ電極の垂直出しは特有の準備作業です。

【3】ワイヤ放電加工における段取りのポイント

ワイヤ電極の自動結線機能

❶ワイヤ電極の自動結線装置

　ワイヤ電極の自動結線装置は、ワイヤ放電加工機の連続した無人運転を可能とする極めて重要な装置です（図3-28）。例えば、ダイプレートでのダイ加工の場合、あらかじめ加工が必要な箇所に加工開始用の下穴をあけておきます。1つ目の加工が終了したら、ワイヤ電極を切断して次の加工開始穴へ移動し、ワイヤ電極を自動で結線して加工を開始することで、連続して無人で加工を行うことができます。

　また、加工の途中でワイヤ電極が断線した場合に、加工を中断してワイヤ電極を自動的に結線し、加工を再スタートさせることができます。この際、ワイヤ電極が断線した位置で再結線できると、ワイヤ電極の無駄な消費が抑えられ加工時間も短縮できますが、再結線の難易度が上がります。そこで加工開始穴など結線しやすい位置を指定し、そこに戻って再結線することも選択可能です。

❷進化・発展する自動結線装置

　最近のワイヤ電極自動結線装置は、ほぼ100％に近い結線成功を実現し、また従来苦手としてきた加工形状での結線も可能となり、機能・性能が大幅に向

| 図 3-28 | 自動結線装置 |

| 図 3-29 | ワイヤ真直性の向上 |

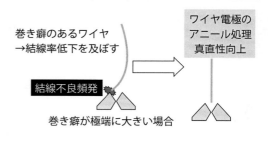

図3-30 自動結線技術の進化

金型加工の結線シーン
- 傾斜面形状（スタートホール結線）
- ワイヤ挿入
- 〈断面図〉
- 斜面や局面への結線

部品加工の結線シーン
- 階層形状（加工スリット結線）
- ワイヤ進行方向
- 中空形状（加工スリット結線）
- 中空・階層の加工スリット内の結線（断線位置で即復帰）

さらに結線しにくい形状でも、ポップアップサーチ機能により確実の結線が可能！

ポップアップによってワイヤ電極が引き上げられ、即時にサーチ機能が稼働

中空部の複数ある多数個取り部品加工の結線も可能!!（板厚200mm）

上しています。

　ワイヤボビンに巻きついたワイヤ電極は、巻き癖がついたカール状態となっているため、ワイヤ電極の残量が少なくなると結線に失敗する可能性が高まります。この課題を解決するため、ワイヤ電極の先端部分をカットする装置や、図3-29に示すような先端部分を熱処理し硬化させワイヤ電極の真直性を高める機能、ワイヤ電極を自動で上下に微動させ、目標の下穴位置をサーチ・自己認識し確実に結線成功とする機能など、様々な装置や機能が開発されています。

　このような機能拡張や性能向上により、下穴が斜面や曲面にある場合や立壁の根元付近にある場合、および中空形状や段差形状など、従来では難しいとされてきた状態での自動結線が可能となっています（図3-30）。

要点ノート

ワイヤ電極の自動結線装置は、ワイヤ放電加工機の無人による連続自動運転を実現する最も重要な機能を担います。様々な形状での結線や、イレギュラー時でのリトライ機能により、ほぼ100％に近い成功率を実現します。

【3 ワイヤ放電加工における段取りのポイント

加工物のセッティング

❶加工物の取り付け

　加工物を取り付ける際は可能な限り安定加工を持続し、最短時間で加工終了となるためのセッティングを検討し、必要な固定治具を準備することが大切です。また、加工途中でXY軸の稼働範囲外となり、停止エラーにならないようにしましょう。

　固定治具の取り扱いポイントを**図3-31**に、加工物の取り付け例を**図3-32**に示します。

❷加工物の固定

　加工物の形状により直接固定できない場合は、**図3-33**のような固定治具を利用してセッティングすると便利です。加工物の形状に適合した良い固定治具を工夫することで、段取りが容易になるほか加工精度の安定化が期待できます。

　大きい中子をジャッキなどの治具でテーブルの下から支えたセッティングをした際に、下アーム・ワイヤガイドが治具に当たらないことはもちろんのこと、極間線が引っかかったりしないようにあらかじめ加工範囲を手動で動かして確認するなど、十分な注意が必要です。

①丸物形状を固定する場合

　バイスで横方向に固定すると、はさんだ加工物がひずむことがあるため、上下方向で固定する方法を推奨します。

②薄平板を固定する場合

　噴流圧により加工物にあおりが発生する場合があります。この場合、ワイヤ断線や面粗さ不良などの影響を受ける可能性があります。

③高板厚材料での重量加工物を固定する場合

　固定強度を考慮して、十分に剛性のある固定治具を使用します。

④プレート形状の加工物を固定する場合

　対角線方向での固定を推奨します。L字型の治具では、対角のコーナ部が下がる場合があります。また、大型中子発生時の加工ひずみ軽減方法として、荒加工後にリクランプ作業を行います。

第3章　ワイヤ放電の段取り・加工・メンテナンス

| 図 3-31 | 固定治具の取り扱いポイント |

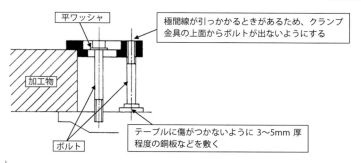

| 図 3-32 | 加工物の取り付け例 |

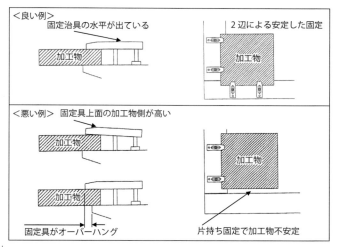

| 図 3-33 | 加工物の固定治具の例 |

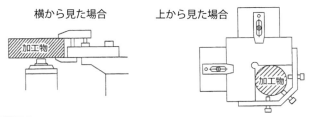

要点ノート

加工経験が浅い場合は、セッティングしやすいシンプルな方法を用います。また、形状が確認しやすいよう図面と同じ向きで加工できるように心がけ、セッティング方法が決まった時点で再度加工条件を検討します。

【3 ワイヤ放電加工における段取りのポイント

加工状態とＺ軸高さ調整

❶噴流ノズル位置

　ワイヤ放電加工は、放電ギャップに滞留する加工チップを外部に迅速に排出することで安定放電が持続し、加工速度の向上につながります。放電ギャップは極めて狭い空間のため、発生する加工チップを瞬時に強力に排出する目的で、上下ワイヤガイドの加工物に最も近い場所に噴流ノズルが組み込まれています。加工物に対して噴流ノズルが近いほど加工チップの排出が良くなるため、高さ方向における噴流ノズルの代表的位置関係を「密着加工」「片浮き加工」「両浮き加工」の名称で3つに設定し、それぞれにおけるデータベース化された最適な加工条件を選定することで様々な加工形状に対応できます（**図3-34**）。

❷Ｚ軸（上噴流ノズル）高さ調整

　密着加工条件を使用する場合、加工物上面と上噴流ノズルとの隙間を正しく調整する必要があります。上噴流ノズルの位置はＺ軸の高さ調整で行いますが、隙間ゲージを利用する方法と噴流の流量計を利用する方法があります。

①隙間ゲージを利用する方法

　○上噴流ノズルを加工物上面から2～3mm離れた位置まで下げる

　○規定の隙間ゲージをノズルと加工物の間に差し込む

　○隙間ゲージをスライドさせながら、固定されるまでＺ軸を少しずつ下げる

　○隙間ゲージをずらせるようになる直前まで、わずかにＺ軸を上げる（**図3-35**）。下噴流ノズルは隙間を確認するのみでよい

②噴流の流量計を利用する方法

　○加工物上面より1mm程度上に上噴流ノズルを下げる

　○下穴や溝のない場所に上噴流ノズルを移動

　○加工タンクに加工液を溜める

　○流量バルブを全開とし、所定の噴流流量値になるまでＺ軸を少しずつ下げる（**図3-36**）

　流量計を利用する方法は、1stカットの再現性を最大限に高めますが、加工物上面の状態や、加工によるバリ・カエリの飛び出しで、上噴流ノズルの破損や加工中断になることが懸念されます。

第3章 ワイヤ放電の段取り・加工・メンテナンス

図 3-34 噴流ノズルの位置と特徴

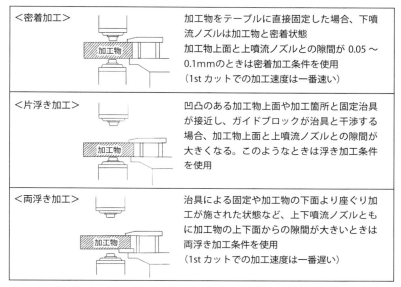

＜密着加工＞	加工物をテーブルに直接固定した場合、下噴流ノズルは加工物と密着状態 加工物上面と上噴流ノズルとの隙間が 0.05 ～ 0.1mmのときは密着加工条件を使用 （1stカットでの加工速度は一番速い）
＜片浮き加工＞	凹凸のある加工物上面や加工箇所と固定治具が接近し、ガイドブロックが治具と干渉する場合、加工物上面と上噴流ノズルとの隙間が大きくなる。このようなときは浮き加工条件を使用
＜両浮き加工＞	治具による固定や加工物の下面より座ぐり加工が施された状態など、上下噴流ノズルともに加工物の上下面からの隙間が大きいときは両浮き加工条件を使用 （1stカットでの加工速度は一番遅い）

片浮き加工・両浮き加工の状態で密着加工条件を使用すると、1stカット時にワイヤ電極が断線する可能性があるため、適宜加工条件を調整します

図 3-35 隙間ゲージの挿入

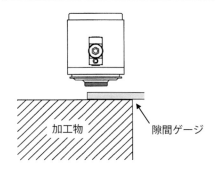

図 3-36 機械正面に配置された流量計

> **要点 ノート**
>
> 上下ワイヤガイドと加工物との位置関係は、加工速度に重要なファクタです。また、荒加工（1stカット）時の加工チップを迅速に排出することで加工速度アップが得られるため、Z軸高さ調整は重要な作業です。

141

【3】 ワイヤ放電加工における段取りのポイント

噴流による液処理の役割と調整方法

❶噴流パネルと各機器

　ワイヤ放電加工を行う際、加工状況に応じて上下噴流ノズルから噴流の液処理を行います。噴流により、放電ギャップで発生する加工チップを外部に排出することができ、安定放電による高速加工が得られます。

　噴流の状態が適切でないと、加工精度・加工面質に影響が出ます。また、ワイヤ電極が断線しやすくなり連続加工に支障をきたすため、加工を開始する前に必ず調整を行います。噴流には、荒加工（1stカット）時に使用する高圧噴流と、2ndカット以降の仕上げ加工時に使用する低圧噴流の2種類があります（図3-37）。

❷噴流調整時の留意点

　端面から切り込む場合は、通常の荒加工と同じ噴流に調整すると、水が跳ねて加工タンクの外に飛び出すことがあります。下噴流ノズルが加工物で隠れるまでは噴流圧力を弱くして切り込みます。密着、片浮き、ダイ加工の仕上げ加工時の噴流流量は（水加工機の場合）、上下とも1.5Lに調整します。両浮きの場合は下側を3Lに調整します。

　また薄板を加工する場合で、荒加工時の噴流が強すぎると薄板が振動することがあります。しっかりと固定するか、振動しない程度に噴流を弱めることが必要です。一方で、板厚200mm以上の材料を加工する場合は、加工条件検索データの噴流流量に合わせます。

①荒加工時の流量調整

　原則的に、加工条件表に記載されている流量になるように、上下の噴流調整バルブをそれぞれ調節します。ただし、φ0.15mm以上のワイヤ電極を使用する場合は、加工条件表の値ではなく噴流調整バルブを全開にして加工します。浮き加工の場合は、加工条件表に記載されている流量で加工します。

②仕上げ加工時の流量調整

　原則的に、加工条件表に記載されている流量になるように、上下の低圧噴流調整バルブをそれぞれ調整します。ただし、条件表の値はあくまで参考値とし、状況に応じて微調整することも必要です。

第3章　ワイヤ放電の段取り・加工・メンテナンス

図 3-37　噴流パネルと各機器

図 3-38　噴流に関わるデータの表示例

❸加工条件検索からの流量確認

加工条件検索時、その他の情報の画面で噴流に関わるデータが表示されます（図3-38）。

> **要点 ノート**
> 放電ギャップに加工チップが滞留しないよう、噴流による液処理調整を行うことは安定放電による高速加工に有益です。加工速度の向上に加え、加工精度に影響を与える場合もあります。

【3 ワイヤ放電加工における段取りのポイント

簡単位置決め作業

　位置決めは、セッティングが完了した加工物の任意の箇所の機械座標を測定することで、加工時の基準位置を決める作業です。ワイヤ放電加工は、通電による位置検出（接触感知）を利用することで、ワイヤ電極による加工物の高精度な位置決めが可能です。位置決めには、マニュアル操作、コードレス、NCプログラムの3種類の方法があります。簡単な操作で位置決めが可能なコードレスでは、加工物の端面・幅中心・コーナ・穴中心・任意3点の代表的モードが準備されています（**図3-39**）。

❶位置決め作業での注意事項

　位置決めは接触感知を使用するため、加工物側面にバリやゴミなどの付着物がないように清掃します。加工物上部より1L程度の（低圧）噴流をかけ、接触感知中に付着する汚れを洗い流して精度を高めます。腐食に弱いめっきや材料を用いる場合、噴流をかけても問題がないか事前に確認します（水加工液の場合）。

　接触感知を行う際のワイヤ電極のテンションや送り速度の設定は、最終仕上げ条件を用います。ただし、送り速度が速すぎると接触感知の精度が悪くなることがあり、送り速度の調整が必要です。基準穴をはじめ、接触感知する箇所の板厚は極力薄くします。

　以下に示すように、接触感知精度が劣化しやすい場合はピンゲージなどを利用します（**図3-40**）。

　　○φ0.1 mm以下の細いワイヤ電極
　　○高板厚材（φ0.2 mmワイヤ電極で、T＝50 mm超を目安とする）
　　○接触感知部分の通電が悪い
　　○面が凸凹している
　　○繰り返し誤差が大きいとき

❷位置決めに関連する補正機能

　位置決めに関連する補正機能を利用すると、段取り作業の効率化が図れます。極めて高精度な加工が必要な場合は、きっちりした加工物の平行出し・平面度確認を行うことをお勧めします（**図3-41、3-42**）。

144

| 第3章 | ワイヤ放電の段取り・加工・メンテナンス |

| 図 3-39 | コードレス「穴中心」設定画面 |

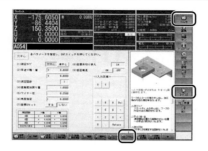

| 図 3-40 | ピンゲージを利用した位置決め |

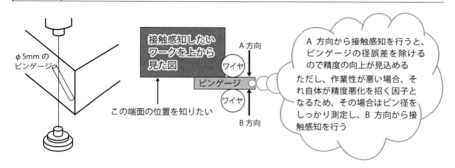

| 図 3-41 | 加工物自動傾き補正 |
| 図 3-42 | 加工物平面補正 |

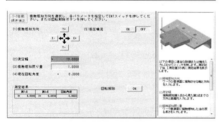

XY軸方向の平面上で、接触感知による傾き測定を自動で行い、それに合わせた座標を設定

加工物上面とワイヤ電極を垂直にする平面補正機能で基準球を取り付け、傾きを自動測定して補正

要点 ノート

電気信号の検出を利用し、ワイヤ電極で加工物の位置測定を可能にした特性は、高精度加工を実現する要因のひとつです。さらに、位置決めを発展させて補正機能を活用することで、段取り作業が容易になります。

145

【4】 ワイヤ放電における加工・メンテナンス

加工プログラム作成−確認から加工まで

❶加工プログラムの2大手法

　加工プログラムは、主に加工形状の軌跡を機械の移動指令コードに変換したNCプログラムと、加工条件検索で求めたパラメータコードとを合わせた形が基本です。作業者が直接入力することもできますが、複雑な加工形状は自動プログラミングのアプリ（または装置、CAD/CAMに相当）などを利用して作成します（図3-43、3-44）。

　自動プログラミングのアプリは加工形状を作図し、その形状から一機器を動かすNCプログラムを作成するソフトウェアです。機械のNC電源装置に搭載されているのが通常ですが、独立した別のパソコンにセットアップし、机上で作成することも可能です。また、他のCAD/CAMで作成した形状データを直接取り込むことが可能で、NCプログラム作成の効率アップが図れます。

①NC（数値制御＝Numerical Control）プログラム

　機械を動かすプログラムで、主に加工物に対するワイヤ電極の位置を数値情報（XY座標値）ほかで指令します。

②NCコード

　機械を動作させる命令文で、このコードの集まりがNCプログラムです。

　コードはアルファベットと数字の組み合わせで構成され、G01やM02というように入力します。組み合わせるアルファベットにより、例えばGコードやMコードなどと呼びます。

　自動プログラミングのアプリでは、2次元データ以外に3次元データを扱える機能拡張が可能です。3次元ソリッドモデルを直接取り込み、詳細な加工形状を認識することで、製品設計から一貫したモノづくりの流れが構築できます。これにより単純ミスの低減や、段差のある難易度形状での最適加工条件の簡単設定を可能とします（図3-45）。

❷加工前の加工プログラムチェック

　作成した加工プログラムが本当に正しいかを確認するため、グラフィック画面でのチェックや、実際に加工を行わず機械の動作のみを実行できるチェックが充実しています。グラフィック画面によるチェックでは、NCプログラムの

第3章　ワイヤ放電の段取り・加工・メンテナンス

| 図 3-43 | 図形データ外部取り込み |

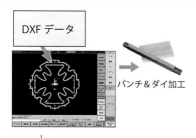

| 図 3-44 | 簡単設定の歯車入力 |

| 図 3-45 | 3次元設計モデル対応 |

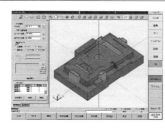

| 図 3-46 | グラフィック画面によるNCプログラムチェック |

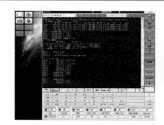
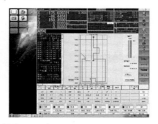

軌跡を描画して加工形状を確認します（図3-46）。

　加工を行わずに機械の動作のみをチェックする場合、使い勝手上の制約が必要ですが、NCプログラムのフォーマットや実際の形状のほか、テーパ加工時のワイヤ電極と噴流ノズルとの干渉チェックにも応用が可能です。

❸加工開始

　加工物のセッティングが正しく行われたこと、ワイヤ電極が十分にあること、機械の状態が正常であることなどを確認し、加工プログラムを実行します。

> **要点　ノート**
> 加工プログラムは、加工形状に合致する機械移動指令コードと、加工条件検索によるパラメータコードを合わせて作成します。設計時のデジタルデータをベースに展開し、グラフィック画面によるチェック後、実加工に移行します。

4 ワイヤ放電における加工・メンテナンス

メンテナンス①
概要と"見える化"の活用

❶主要チェックポイント

　ワイヤ放電加工の加工性能を常に安定して持続するためには、以下に示すチェック項目があります。

①ワイヤ電極：走行経路の確保・維持、変動のないテンション状態

　　関連部品の摩耗・動作確認、ゴミ・加工チップの除去

②放電：良好な通電および絶縁状態の維持

　　通電コマ・極間線の状態確認、NC電源装置内のホコリ除去

③加工液：絶縁性に優れ、きれいな状態を保つ

　　加工チップ・スクラップの除去、液まわり機器・タンク底部の清掃

④機械：移動時の負荷軽減、干渉なき安全操作、変化のない環境維持

　　スライド部・稼働部の清掃、加工タンク内スクラップの除去

❷消耗品の管理

　また、機械の稼働状況によらず、加工時のトラブルを回避して加工物の品質を安定させるために、期間を決めて定期的に消耗品の確認とメンテナンスを行います。

　消耗品の管理方法については、近年のIoT化の流れにより加工機の前でなくても"見える化"されてきていますが、ここではNC電源装置に設定した消耗品管理画面を示します（図3-47、3-48）。ワイヤ放電加工機のタイプや契約を伴うサポート状況により、実作業や管理方法はそれぞれ異なりますが、ポイントとなる消耗品関連とメンテナンスの事例をいくつか説明します。

　使用時間が最大時間（耐用時間）を超えると、座標表示画面のメンテナンス欄が灰色から黄色の表示に変わり、消耗品交換時期の目安になります。

❸通電コマのメンテナンス

　通電コマは、ワイヤ電極に電気を通すための部品です（図3-49）。ワイヤを通電コマに直接押し当てて通電させます。同じ箇所で長時間使用すると、その部分が摩耗により削られて溝ができます。ワイヤ電極と通電コマの押さえが弱くなると通電が悪くなり、ワイヤ電極が切れやすくなるなどの影響が出てきます。

　通電させる箇所を変え、全面使用し終えたら新品に交換します。

第3章　ワイヤ放電の段取り・加工・メンテナンス

図 3-47　IoT 内の消耗品管理画面例

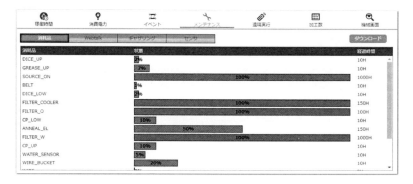

図 3-48　NC 電源装置の消耗品管理画面例

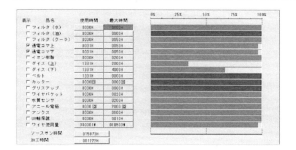
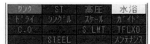

図 3-49　通電コマ

要点ノート

ワイヤ放電加工では、いろいろな要因が複雑に影響するため、保守点検は安定した加工性能維持には欠かせません。IoTや見える化の機能を有効に活用すれば、環境に適合した機械運用スキルを構築できます。

【4】ワイヤ放電における加工・メンテナンス

メンテナンス②
機械とワイヤ電源の点検

❶スライドプレート

　ワイヤ放電加工機には、下ワイヤガイドを支持する下アームユニットがあります。これは、加工タンクの側面に設けられたスライドプレート機構部を貫通する形で、その内側と外側に定置されるタイプが主流です。

　スライドプレートの加工タンク内側は加工チップや細かなスクラップが堆積しやすく、機械移動時の負荷変動となり、加工精度の劣化をもたらします。この影響を回避するため、スライドプレートに絶えずきれいな加工液を流しかけ、負荷変動のない状態にするクリーニング機構が設けられています（図3-50）。

　荒加工ばかりを連続して行う場合や、フィルタリングによる加工チップの除去能力が著しく低下した場合は、クリーニングによる清掃が間に合わないことも想定されます。加工終了後にブラシなどを使って、スライドプレートの清掃を行います。

❷ワイヤ電極排出部

　加工済みのワイヤ電極は放電による表面のダメージがあり、再度加工に使用することはできず、廃棄となります。加工後、ワイヤ電極は排出BOXに回収され、通常はきれいな円状の軌跡を描いてBOX内に積み上がります（図

| 図 3-50 | スライドプレートクリーニング機構 | 図 3-51 | 正常な排出 BOX 状態 |

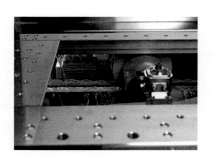

3-51)。これを長時間放置した場合、BOXからはみ出したワイヤ電極が排出部近くの機械本体に接触し、通電状態となります。この場合は放電状態が不安定となり、正常な加工が得られません。また、排出ユニット部でワイヤ電極を排出するバランスが崩れると異常な状態で積み上がり、短時間ではみ出すため、定期的なワイヤ排出の状態確認が重要です。

❸イオン交換樹脂（加工液が水の場合のみ）

加工液である水の比抵抗（電気絶縁性）が低いと、極間に十分な電圧をかけることができず、安定した放電加工ができません。そこで、純水器を使用して水の比抵抗を高めます（図3-52）。また、加工を行うと比抵抗が下がるため、高い比抵抗を維持します。

純水器の中には、水とイオン交換樹脂が入っています。イオン交換樹脂は、水と接触することで水の比抵抗を高めます。イオン交換樹脂は使用するに従い消耗し、イオン交換能力が低下するためで、定期的に新品に交換する必要があります。

純水器のメンテナンスは、ワイヤ放電加工機の他の作業の中でも特に煩わしいものですが、それと同時に必要不可欠なものでもあります。各メーカーが提供するイオン交換樹脂取り替えシステムを利用すると、樹脂の交換作業が大幅に軽減されます。

図 3-52 │ 純水器接続箇所

要点 ノート

センシング技術の活用や保守点検の自動化が進められています。その一方で、人手による日常的清掃作業を徹底・継続することは、機械の初期性能の安定維持に最も有効な手段です。

【4】ワイヤ放電における加工・メンテナンス

メンテナンス③
加工液のフィルタリング

❶フィルタ

　フィルタで加工液を濾過して、加工液中のゴミ（加工チップなど）を除去します（図3-53）。フィルタが目詰まりすると濾過能力が低下し、液質が悪化します。汚れた加工液中で加工を行うと、精度・面粗さに悪影響が出ます。

　また、交換時期を過ぎたフィルタを使い続けると、圧力が上がりすぎてポンプが壊れ、フィルタが破れてフィルタ内の加工チップが一気に流れ出し、電磁弁などを傷めてしまいます。

　フィルタはカートリッジ交換式です。使用済みカートリッジは産業廃棄物として処理し、新品に交換しますが、最近はリサイクル可能なエコフィルタのシステムが積極的に利用されています（図3-55）。フィルタの目詰まりの度合いを、加工液がフィルタを通過するときの圧力により確認して交換時期を見極めます（図3-54）。

❷フィルタの種類

　フィルタには内圧式と外圧式があり、機械ごとにどちらかが装備されています。

①内圧式

　フィルタの内側に加工液を取り込み、濾過して外側へ清浄な加工液を送り出します（図3-56）。分別されたゴミはフィルタの内部に堆積します。内圧式は、さらに次の2種類に分かれます。

図 3-53	フィルタ外観

図 3-54	フィルタ圧力計

○縦置き型：サービスタンク（加工液供給タンク）内に取り付けるため、設置スペースを取らない（図3-57）
○横置き型：濾過した加工液が下に落ちるため、交換時の作業が軽減される

②外圧式

　フィルタの外側から加工液を取り込み、濾過して内側へ清浄な加工液を出します（図3-58）。分別されたゴミはフィルタの外側に堆積しますが、剥がれ落ちたゴミがタンクの底に沈殿します。

　外圧式フィルタのタンクの底にはドレンがあり、沈殿したゴミを排出できるようになっています。フィルタカートリッジを交換するときにタンク内の汚れを点検し、沈殿物の量が多い場合にはタンク内を洗浄してください。

図3-55 ｜ エコフィルタのシステム概要

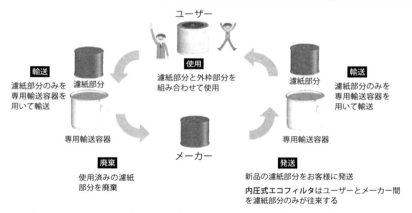

図3-56 ｜ 内圧式内部構造

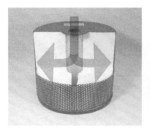

図3-57 ｜ 縦置き型

図3-58 ｜ 外圧式内部構造

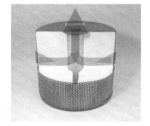

要点　ノート

加工液を常にきれいな状態に管理すると、異常放電の頻度が抑制され、高速加工の安定維持に有益です。リサイクルによる消耗品の有効利用も確実に浸透しています。

コラム③

● 4M変更と作業の意味づけ ●

　放電加工は、放電現象という電気エネルギを利用した除去加工法であるため、安定した加工性能を維持管理するには、様々な見識と経験が必要です。切削加工に比べて加工速度が遅く、加工液に浸漬した状態で加工が進行するため、見た目では加工の善し悪しがわかりづらく、五感による状態の判断が難しいという弱点を持っています。

　品質管理を強化するには、品質・コスト・納期の3つの条件を考慮し、生産に関わる4つの要素「4M」の最適条件を設定することが大切です。4Mとは、Man＝人、Machine＝機械、Material＝材料、Method＝方法を示しますが、加工検討や加工前準備、段取り作業、加工後のメンテナンス、どの工程をとってもすべての4Mと深く密接に関わっています。

　不定期に加工面質が悪くなる現場では、近くの国道を走るトラックの振動が影響していました、急に加工が不安定になった現場では、その機械の隣に別の機械が設置されていました、いつの間にか加工面質が低下した現場では、鉄鋼材の仕入れ先を変更していました、など些細な4M変更が一連の作業に影響を及ぼし、品質管理に支障をきたします。

　それぞれのパラメータがどのような関係を持っているか、どのような理由でその段取りや手順が最適かなど、1つひとつの事象に対してその目的事項と因果関係を見直し、日々当たり前のように行っている作業の意味づけを再度構築することが、想定外の出来事に対応できる現場力の向上をもたらします。

【参考文献】

「今日からモノ知りシリーズ トコトンやさしい放電加工の本」武沢英樹著、日刊工業新聞社、2014年

「現場で役立つモノづくりのための放電加工」山崎実・鈴木岳美著、日刊工業新聞社、2007年

「テクニカブックス37 形彫ワイヤ放電加工マニュアル」向山芳世監修、林龍行編、大河出版、1989年

「現場の即戦力 使いこなす放電加工」今井祥人編著、鈴木俊雄・河津秀俊・後藤昭弘著、技術評論社、2010年

「機械加工プログラミングシリーズ3 放電加工」富本直一・岩崎健史・中村和司・大場信昭著、日刊工業新聞社、1999年

「放電加工技術 基礎から展望まで」斎藤長男・毛利尚武・高鷲民生・古谷政典著、日刊工業新聞社、1997年

「型技術2017年3月臨時増刊号『1冊でまるわかり！放電加工技術の最前線2017』日刊工業新聞社、2017年

「加工材料の知識がやさしくわかる本」西村仁著、日本能率協会マネジメントセンター、2013年

「放電加工にかけた夢 ソディック30年の軌跡」古川利彦著、日刊工業新聞社、2005年

「電気加工学会誌 vol.50／No.124『放電加工油』特集」電気加工学会、2016年

「電気加工学会誌 vol.51／No.128『放電加工機の周辺技術』特集」電気加工学会、2017年

「精密工学会誌 Vol.71（1），(2)『放電加工の基礎と将来展望』」国枝正典、精密工学会、2005年

研究論文「金型鋼のワイヤ放電面性状とその高品位に関する研究」増井清徳、東京大学学位論文No.211513、1993年

研究論文「炭化タングステン基超硬合金の組成、組織、機械的性質の関係」高田真之、東北大学博士論文、2017年

【索引】

数・英

2次元減寸	80
2次放電	19
3S／5S	70
3次元減寸	80
3次元ソリッドモデル	146
AJC	87
ATC	100、104
CAD/CAM	146
CR軸	104
Gコード	96
ICリードフレーム	38
M00（一時停止）	118
NCコード	146
NC電源装置	11
NCプログラム	146
PCD工具加工	38
QCD	66
RC回路	18
Z軸高さ調整	140

あ

アーク放電	16
油加工液	44
アプローチ	50
アプローチ部	116
荒加工（1stカット）	52
イオン交換樹脂	151
異種金属接触腐食	60
位置決め作業	144
インコーナ／アウトコーナ	48
上アーム	40
薄い加工物	122
内段取り	68、76
液処理	16、26、86、142
円揺動	84
オフセット	50
オフセット量	52

か

カーボン	24
カール	112
外径心出し	94
回転機能（R軸）	104
角揺動	84
加工液	16
加工液面調整	103
加工計画	98
加工仕上げ代	20
加工条件検索機能	110
加工条件抽出	78
加工条件パラメータ	122
加工スケジュール	128
加工精度	20
加工速度	20
加工タンク	11
加工チップ	16
加工パターン	108
加工物材料	14
加工物セッティング	90
加工プログラム	146
加工プログラム作成	78
加工変質層	32、58
化繊ノズル	38
片浮き加工	140
形彫り放電加工	8
カット回数	53
カレンダ機能	128
基準球	94
逆極性	24
極性	24
吸引加工	26
球揺動	84
鏡面加工	32
極性	24
切り落とし	50
切り残し部	116、128
切刃逃げ部分	120

156

くし歯形状	126
クラック	58
グラファイト	12
グラフィック画面	146
クランプ	114
クランプチャック	104
クレータ	33
結線動作	134
コアレス加工	56
高板厚加工	54
工程計画	34、62
コードレス操作	96
固定治具	138
固定方法検討	76
コバルト溶出	47
コレットチャック	92

さ

サービスタンク	10
最大懸垂質量	77
作業前準備	130
錆	60
サブゼロ処理	59
残留応力	126
仕上げ加工	52
時間算出ボタン	100
下アーム	40
下穴	136
下穴吸引	86
下穴噴流	86
自動化	68
自動加工プログラム作成支援アプリ	78
自動結線機能	136
上下ワイヤガイド	116
消費ワイヤ電極	113
消耗品	148
真鍮付着	129
垂直出し	134
垂直出しブロック	135
スライドプレート	150
スリット	116
正極性	24
絶縁回復	18

絶縁性	10
接触感知	94
接触感知精度	144
セラミックス	10
創成放電加工法	88
外段取り	68、76

た

タール	16
ダイ形状	124
タイコ	124
タイコ量	54
タングステン化合物	12
単純電極	88
段取り	64
端面位置決め	94
通電コマ	148
低消耗加工	24
テーパ加工	56、120
テーパカットユニット（UV軸）	40
テーパ補正機能	121
デューティファクタ	18
電解腐食	47
電極	8
電極回転装置（CR軸）	104
電極吸引	86
電極減寸	22、80
電極材料	12
電極ジャンプ加工	28
電極消耗	24
電極消耗率	20
電極製作法	82
電極精度	83
電極設計検討	80
電極セッティング	92
電極バリ	83
電極噴流	86
電極ホルダ	10
電極マスター	83
電鋳電極	83
銅	12
導電性	8
銅板	118

時計歯車	38	放電待機時間		18
ドライ	102	放電パルス	11、	18
トランジスタ回路	18	放電反力		40
ドリルチャック	92	保全		72
ドレッシング電極	89	細穴放電加工		36
		ポンピング作用		28

な

内径心出し	96	**ま**		
中子保持機能	129	巻き癖		137
梨地	32	マグネットベース		90
慣らし運転	132	マザーマシン		8
ねじ込みシャンク	92	見える化		148
ノズル噴射	87	水加工液		44
ノズル噴射加工	27	密着加工		140
		無消耗加工		24
		無電解電源		60
		無負荷電圧		18
		面粗さ	20、	52

は

バイス	90	**や**		
バイス型シャンク	92	ユニバーサル型ホルダ		92
パラメータコード	146	揺動		30
パルス幅	18	揺動パターン		84
パンチ／ダイ	50			
パンチ形状	116	**ら**		
ひずみ対策	114	リニアモータ		10
非接触	8	輪郭形状		38
ピッチ精度	48	両浮き加工		140
比抵抗値	44	ローラン		30
一筆書き	126			
広角度テーパ加工	120	**わ**		
ピンゲージ	144	ワイヤダイスガイド		132
フィルタリング	152	ワイヤ電極		42
不活性化	60	ワイヤ電極残量表示機能		132
プレート加工	114	ワイヤ電極使用量自動算出機能		132
プレート型シャンク	92	ワイヤ電極排出部		150
噴流加工	26	ワイヤテンション		42
噴流調整	142	ワイヤフィーダ		112
噴流ノズル	140	ワイヤ放電回路		46
放電回路	18	ワイヤ放電加工		38
放電加工油	10	ワイヤボビン		112
放電ギャップ	16、22	割り出し機能（C軸）		104
放電吸引力	40			
放電痕	33			
放電サーボ	19			
放電持続時間	18			

編者紹介

ソディック放電加工教本編纂チーム

ソディック放電加工教本編纂チームは、株式会社ソディックの放電加工事業における各技術要素分野から招集されたスタッフで構成されています。1971年の創業以来、NC（数値制御）放電加工機メーカーのパイオニアとして放電に関わる加工性能を飛躍的に向上させ、世界中のモノづくり支援を推し進めてきた基礎研究、応用技術、知識、経験、技能などを源泉とし、放電加工機および関連技術開発・研究、加工性能のデータ検証・システム構築、および顧客への操作指導・加工全般における研修に日々従事しています。

執筆者一覧（50音順）

安達 章浩（あだち あきひろ）　AE本部放電加工技術部

荒井 祥次（あらい よしつぐ）　AE本部条件開発部

大川 正幸（おおかわ まさゆき）　AE本部放電加工技術部部長補佐

栗林 初（くりばやし はじめ）　AE本部研修部仙台研修担当

小松 まみ（こまつ まみ）　AE本部研修部横浜研修担当

鈴木 伸幸（すずき のぶゆき）　AE本部放電加工技術部

原口 健二（はらぐち けんじ）　AE本部放電加工技術部

原田 武則（はらだ たけのり）　工作機械事業部放電技術部副事業部長

西 航平（にし こうへい）　AE本部条件開発部

山田 英司（やまだ えいじ）　AE本部研修部横浜研修担当

NDC 566.74

わかる！使える！放電加工入門
〈基礎知識〉〈段取り〉〈実作業〉

2019年 8月30日　初版1刷発行
2024年 2月16日　初版3刷発行

定価はカバーに表示してあります。

ⓒ編者　　　ソディック放電加工教本編纂チーム
　　発行者　　井水 治博
　　発行所　　日刊工業新聞社　〒103-8548 東京都中央区日本橋小網町14番1号
　　　　　　　書籍編集部　　　電話 03-5644-7490
　　　　　　　販売・管理部　　電話 03-5644-7403　FAX 03-5644-7400
　　　　　　　URL　　　　　　https://pub.nikkan.co.jp/
　　　　　　　e-mail　　　　　info_shuppan@nikkan.tech
　　　　　　　振替口座　　　　00190-2-186076

　印刷・製本　　新日本印刷（POD2）

2019 Printed in Japan　　落丁・乱丁本はお取り替えいたします。
ISBN　978-4-526-07995-5　C3053
本書の無断複写は、著作権法上の例外を除き、禁じられています。